MODELLBAHN GEBÄUDE + STRASSEN

Dörfer und Städte als Thema für Dioramen und Anlagen

von Friedhelm Weidelich

CIP-Kurztitelaufnahme der Deutschen Bibliothek

Weidelich Friedhelm: Modelbahn, Gebäude + Strassen: Dörfer und Städte als Thema für Dioramen und Anlagen / von Friedhelm Weidelich. – Düsseldorf: Alba 1992
(Alba-Modelbahn-Praxis: 12)
ISBN 3-87094-570-2
NE: HST: GT

Copyright	© 1992. Alba Publikation Alf Teloeken GmbH + Co. KG, Düsseldorf. Das Werk einschließlich aller seiner Teile ist urheberrechtlich geschützt. Jede Verwertung außerhalb der engen Grenzen des Urheberrechtsgesetzes ist ohne Zustimmung des Verlages unzulässig und strafbar. Das gilt insbesondere für Vervielfältigungen, Übersetzungen, Mikroverfilmungen und die Einspeicherung und Verarbeitung in elektronischen System.
Erschienen	Juni 1992
Titelfoto	Friedhelm Weidelich, Magdeburg
Layout	Susanne Kreitzberg, Solingen
Satz	Baecker + Häbel Satz und Druck GmbH, Willich
Herstellung	L. N. Schaffrath, Geldern
ISBN	3-87094-570-2

Inhalt

Vorwort *5*

1 Vom Vorbild zum Modell *7*

Die Wirklichkeit nachempfinden *7*
Suchen Sie beim Vorbild das Wesentliche *7*
Epochen und Regionen beachten *10*
Ihr Anspruch entscheidet *11*
Unbegrenzte Möglichkeiten zur Verfeinerung *11*

2 Die Ortschaft nach Plan *12*

Für den Anfang: ein Diorama *17*
Dioramen sind gebaute Teilträume *18*
Die Gebäude-Auswahl: H0 ist nicht immer H0 *18*
Hohe Gebäude lassen die Umgebung schrumpfen *22*
Friedliches Nebeneinander *22*
Nicht gleich alle Bausätze kaufen *23*

3 Die Bausatz-Montage *24*

Das Handwerkszeug *24*
Was soll farblich bearbeitet werden? *26*
Der richtige Klebstoff *26*
Frühzeitig planen: die Innenbeleuchtung *27*
Die Gebäudebefestigung bedenken *27*
Der Trockentest schützt vor Fehlern *28*

4 Die Spuren der Jahre *29*

Finden Sie eigene Methoden *29*
Wasser- und Plakafarben *31*
Nicht unbedingt erforderlich: Spritzanlage *34*
Altern, aber dezent *34*
Farbliche Ergänzungen und Änderungen *36*

5 Variationen und Ergänzungen *38*

Modulare Bausätze erleichtern Variationen *38*
Modernisierung *44*
Langweilige Reißbrettstädte vermeiden *46*

6 Supern: Mehr Details *47*

Schaufenster und Beschriftungen *47*
Außenwerbung *51*
Miniaturmenschen und Haustiere *52*
Kleinkram rund ums Haus *53*
Inneneinrichtung *53*
Vom Feinsten: Ätzteile *56*
Feuer und Rauch *58*

7 Licht im Hausflur *59*

Leuchtende Wände *59*
Effektvolle Schaufenster *59*
Wie kommt der Strom ins Haus? *60*

8 Platz auf den Straßen 64

Straßen brauchen Platz 64
Plätze: Spielraum für Kreativität 65
Die Straßenoberfläche 69
Markierungen sparsam einsetzen 71
Wenige Schilder wirken besser 73
Ampeln nur, wenn Fahrzeuge wirklich fahren 73
Ausstattungen für Straßen und Plätze 73

9 Stand-Fotos 74

Schwerpunkte setzen: fantasievolle Szenen 74
Figuren: Bevölkerung im Miniaturmaßstab 76
Fahrzeuge: Belebung für Straßen und Plätze 78
Kutschen, Traktoren, Motor- und Fahrräder 85

10 Bewegt und bewegend 86

Autos de luxe: echter Fahrbetrieb auf Modellstraßen 86
Exotisch: Oberleitungs- und Spurbusse 88
Straßenbahnen: Hobby im Hobby 89
Auch in Stadt und Land: Feld- und Werksbahnen 93
Altbekannt: Mühlen und Brunnen 93
Niedlich: Schmiedehammer 95
Zeiger an der Wand: Uhren 95
Ein Thema für sich: Kirmesbetrieb 95
Für Winteranlagen: Eislauf 96

11 Unter der Laterne 97

Ganz oder gar nicht 97
Sti(e)lfragen 97
Angestrahlte Gebäude 101
Fahren Ihre Autos ohne Licht? 101
Blinklichter 103

12 Läuten lassen 104

Kirchenglocken 104
Martinshörner 105
Geräusche für die Landwirtschaft 105
Geräuschkulissen für alle Fälle 105

13 Künstlicher Horizont: Hintergründe erzeugen räumliche Tiefe 106

Halbrelief 107
Der Spiegeltrick 109
Blauer Himmel 110
Wolkentapeten 111
Fotohintergründe 111
Gemalte Hintergründe 111

14 Schon probiert? Bausätze für Fortgeschrittene 112

Kleindioramen 112
Selbstbau mit Kunststoff und anderem Material 112
Holzbausätze 112
Bastelbögen 113
Linka-Elementbau 114
Keramikbausätze 114

15 Wer liefert was? 115

H0-Bausätze und Zubehör 115
TT-Bausätze und Zubehör 119
N-Bausätze und Zubehör 119
Z-Bausätze und Zubehör 121
Adressen 120
Sachregister 124

Vorwort

Entdecken Sie eine neue Seite des Modellbaus.

Das Rezept für guten Modellbau scheint ganz einfach zu sein: Bauen Sie das Vorbild nach!

Die Werke derjenigen Modellbauer, die anscheinend so vorgehen, sind immer wieder in den Eisenbahnzeitschriften zu sehen. Die Anlagenteile (selten sind es ganze Anlagen) sind bis ins Detail gestaltet und faszinieren, weil sie dem Vorbild so täuschend ähnlich sind. Bei Sonnenlicht fotografiert, ist kaum noch zu unterscheiden, ob es sich um das Vorbild oder ein Modell handelt.

Wie reagieren Sie auf diese Veröffentlichungen? Auch wer glaubt, „das kann ich nie!", sollte nicht gleich aufgeben. In diesem Buch sind viele Ideen und Anregungen zu finden, wie man den Modellbau verbessern kann. Sie sollten sich jedoch nicht überfordern und denken, das Erfolgsrezept endlich gefunden zu haben. Ohne Erfahrung, Ehrgeiz, Zeit und etwas Lehrgeld geht es auch im Modellbau leider nicht. Aber Sie werden lernen, worauf zu achten ist und welche Fehler leicht vermieden werden können. Wer sich etwas Mühe gibt, wird mit diesem Buch fast automatisch zu besseren Modellen kommen.

Gebäude und Ausstattungsteile der Bild-Beispiele in diesem Buch sind absichtlich überwiegend Industriebausätze. Das Angebot der Modellhersteller ist so groß, daß Eigenbauten kaum noch notwendig sind. Doch auch Hinweise auf Materialien werden gegeben, sie sollen demjenigen dienen, der eine Vorbildsituation detailgetreu nachbauen will. Ein Kapitel widmet sich exklusiven, kaum bekannten Bausätzen und Techniken zum Ausprobieren.

Dieses Buch will nicht mit Beschreibungen simpler Handgriffe langweilen und setzt deshalb handwerkliche Grundkenntnisse im Modellbau voraus. Sie sollten schon einmal einen Bausatz montiert haben und – übertrieben gesagt – wissen, wie man einen Pinsel hält.

Es geht hier nicht um einfache Rezepte mit Absolutheitsanspruch. Es gibt zahlreiche gute Wege zum Ziel. Vielmehr will ich Ihre Fantasie anregen und vermitteln, was beim Erträumen und Umsetzen von Städten und Dörfern ins Modell beachtet werden sollte. Ich will zeigen, wie man mit Industriebausätzen und einem überschaubaren Zeitaufwand kreativ sein und sehenswerte Anlagen und Dioramen gestalten kann.

Mit welchen Techniken Sie arbeiten und wie weit Sie bei der Detaillierung gehen wollen, entscheiden Sie selbst. Einen Rat sollten Sie befolgen: Legen Sie Ihre Träume von Großanlagen erst einmal beiseite und fangen Sie mit einem Diorama oder einem Anlagenteilstück an. Entdecken Sie eine Seite des Modellbaus, die genauso viel Freude macht wie Planung und Betrieb einer Eisenbahnanlage.

Ich wünsche Ihnen viele gute Ideen und die Geduld, sie erfolgreich ins Modell umzusetzen.

Friedhelm Weidelich

# 1

Vom Vorbild zum Modell

Es wäre schön, wenn man das Vorbild nur nachzubauen brauchte, um ein perfektes Modell zu erhalten. Das einfache Rezept aus dem Vorwort („Bauen Sie das Vorbild nach") zeichnet sich zwar durch Eingängigkeit aus. Es gehört jedoch mehr dazu, ein Motiv wirklichkeitsnah ins Modell umzusetzen. Hier folgen Tips, wie Sie die Wirklichkeit überzeugend nachempfinden.

In der Modellbaupraxis kommen wir mit der sklavischen Verkleinerung eines Vorbilds nicht viel weiter. Denn eine komplexe Umgebung muß aus vielerlei Gründen vom Modellbauer soweit vereinfacht werden, daß der Betrachter glauben kann, das Modell sei „echt".

Lassen Sie sich nicht von Katalogabbildungen irritieren, bei denen eine Vielzahl von Modellen und knallbunten Ausstattungsteilen auf kleinstem Raum gezeigt werden. Dort geht es um die gefällige Produktpräsentation, seltener um guten Modellbau. Die folgenden Absätze zeigen einige Grundlagen des Modellbaus. Wenn Sie sich von diesen Grundsätzen leiten lassen, werden Sie die Fehler, die bei vielen Modellbahnanlagen gemacht wurden, entdecken und künftig vermeiden können.

Die Wirklichkeit nachempfinden

Modellbauer haben ein positives Verhältnis zur Welt, in der sie leben. Sonst würden sie diese Welt nicht im Modell nachbauen wollen – und da sind wir schon beim ersten unvermeidlichen Kompromiß: Unsere Anlagen empfinden die Wirklichkeit nach, sie bilden sie nicht flächenbezogen exakt maßstäblich ab.

Es ist nicht möglich – abgesehen von Mini-Dioramen – einfach eine Vorbildsituation auf 1:87, 1:120, 1:160 oder andere Maßstäbe zu verkleinern. Solche Kopien der Wirklichkeit, exakt wie ein Luftbild, scheitern am enormen Platzbedarf.

Selbst die Gleisanlagen eines Dorfbahnhofs sind meist einige hundert Meter lang, was im Modell mehrere Meter bedeutet. Und der Kern eines Dorfes ist kaum auf ein paar Quadratzentimetern darzustellen, wie uns die Kataloge mancher Modellhersteller glauben machen wollen. Deshalb müssen wir uns darauf beschränken, die Wirklichkeit *nachzuempfinden.*

Suchen Sie beim Vorbild das Wesentliche

Wenn Dörfer und Städte im Modell überzeugen sollen, müssen wir das Wesentliche einer Vorbildsituation finden. Lernen Sie, Ihre Umgebung zu beobachten und auf ihre typischen Bestandteile zu reduzieren. Wenn Sie schon wissen, welche Motive Sie im Modell realisieren wollen, machen Sie einen Spaziergang. Beobachten, skizzieren oder fotografieren Sie, was Sie für Ihr Motiv als charakteristisch und wesentlich empfinden.

Bei einem Bahnhofsvorplatz zum Beispiel werden Sie in der Großstadt Taxistände, Kurzparkplätze, Bushaltestellen, Zeitungskioske, Fußgängerüberwege und Straßenbahnen finden. Auf dem Dorf gibt es vielleicht nur ein Postamt in der Nähe des Bahnhofs, ein altes Hotel, eine Pommes-Bude und ein paar alte Bäume und Sitzbänke auf der anderen Straßenseite.

Oder betrachten wir eine Geschäftsstraße in der Innenstadt. Da reihen sich Läden, Büros und Wohngebäude aneinander. In die Hinterhöfe

8 Vom Vorbild zum Modell

Die Wirklichkeit ist oft komplexer als unsere Vorstellung von städtischen Straßen und Plätzen. Diese Altstadtansicht aus Genf bietet eine Fülle von Anregungen für den anspruchsvollen Modellbauer und ist das Gegenstück zu simplen Rechteckbauten auf einer Ebene: Die schmalen Straßen verlaufen im Gefälle, die reichhaltigen Fassaden im Vordergrund weichen in verschiedenen Winkeln zurück. Abwechslungsreich sind auch Dachformen, Kamine, Schneegitter, Fensterläden und Blumenschmuck
Foto: Schweizerische Verkehrszentrale

Das Vorbild als Vorbild für eine dörfliche Situation: die Siedlung mit dem Bahnhof Pfalzfeld und dem alten Wasserturm im Vordergrund könnte zum Teil im Modell nachgebildet werden. Das eigentliche Dorf wird platzsparend auf einer Hintergrundkulisse dargestellt. Außerhalb gelegene Bahnhöfe, wie man sie in ländlichen Regionen häufiger antrifft, eignen sich wegen ihrer wenigen Gebäude hervorragend für realitätsnahe Dioramen und Anlagen
Foto: Joachim Seyferth

führen Durchfahrten; Garageneinfahrten, Durchgänge und umzäunte oder brachliegende Grundstücke ohne Bebauung wechseln sich ab. Auf dem Gehweg stehen unzählige Schilder, Parkuhren, Telefonzellen, Lampen und die Obstauslagen der Lebensmittelläden. Am Straßenrand parken Autos, Transportfahrzeuge werden ent- und beladen. Überall sind Fußgänger, Radfahrer und Autos unterwegs.

Während die Erdgeschosse der Geschäftshäuser in vielen Städten austauschbar sind und sich mehr oder weniger langweilige Schaufenster aneinanderreihen, lohnt ein Blick nach oben. Da wechseln sich moderne Fassaden mit Aluminiumverkleidungen, Kacheln und Klinkern, Marmor, Waschbetonteilen oder zeitlosem Mauerwerk ab. Aber auch verputzte Wände, in bunten Farben oder verwittert und mit Schmutzstreifen, tauchen auf. Prächtige Jugendstilornamente, Fachwerk, Balkons und Erker erregen Aufmerksamkeit. Wenn Krieg und Spekulation nicht allzusehr gewütet haben, sind alle Häuser eines Straßenzugs im Stil der Entstehungszeit erhalten – mit ein paar Modernisierungen. Nur die örtliche Bank hat sich vielleicht mit einem protzigen und stilistisch unpassenden Bau breit gemacht.

Wenn Sie mit offenen Augen durch die Welt gehen, was Sie sicher tun, ist Ihnen das alles nichts Neues. Aber da uns meist der Platz fehlt, eine lange Straße oder einen großen Bahnhofsplatz nachzubilden, müssen wir uns auf das Typische dieser Vorbilder konzentrieren und geschickt auswählen.

Legen Sie nach *Ihrer* Erfahrung und dem Umfeld, das Sie kennengelernt haben, fest, was eine Geschäftsstraße, einen Kleinbahnhof, ein Dorf, einen Bauernhof in Ihrer Region oder eine Baustelle ausmacht.

Überlegen Sie schon frühzeitig, was Sie unbedingt ins Modell umsetzen wollen. Dazu gehören Art und Alter der Gebäude, das Leben auf der Straße und nicht zuletzt – wenn Sie genau sein wollen – die Epoche, die Sie nachbilden wollen.

Epochen und Regionen beachten

Unter den Modellbauern, die sich am Vorbild orientieren, ist die Nachbildung einer bestimmten Epoche inzwischen selbstverständlich. Das bedeutet zwar, sich bei Autos und Eisenbahnen entsprechend zu beschränken, vermittelt aber entscheidend mehr Realismus als ein Durcheinander von modernen und alten Fahrzeugen und Gebäuden.

Wenn Sie eine frühere Epoche wählen, werden Sie nicht darum herumkommen, in alten Zeitschriften und Büchern oder im eigenen Fotoalbum nachzuschauen, wie die Welt vor Jahren und Jahrzehnten aussah: zumindest die Autos waren anders, manche Verkehrsschilder und Straßenmarkierungen gab es damals noch nicht. Es wurde für andere Produkte und Parteien geworben, die Straßen waren oft noch nicht so glatt und ordentlich. Und geht man weiter zurück, unterscheidet sich die Kleidung so offensichtlich von der heutigen, daß es auch bei den Modellmenschen auffällt.

Das entscheidende Quentchen mehr Wirklichkeitsnähe bringen Sie auf Ihre Modellandschaft,

Das Foto aus Erfurt entstand noch zu DDR-Zeiten (Mai 1990). Bis dahin war der Jugendstilhäuserblock weitgehend unversehrt von westlichen Errungenschaften und gibt deshalb einen Eindruck, wie deutsche Städte in den dreißiger bis fünfziger Jahren ausgesehen haben. Das Bild liefert auch Hinweise auf den im Modell häufig unterschätzten Platzbedarf von Straßen – dabei waren DDR-Straßen deutlich schmaler als innerstädtische Straßen im Westen. Die Fahrbahn läßt selbst dem schmalen Trabant nicht viel Platz

wenn Sie sich zumindest grob auf eine Region festlegen. Wenn Sie Ihr Dorf im Alpenvorland ansiedeln, wäre eine Windmühle tödlich für das Erscheinungsbild einer gelungenen Anlage. Ebenso unglücklich wäre eine Schwarzwaldmühle im Harz oder ein Alpenhaus in der Küstenlandschaft der Ostsee.

Ihr Anspruch entscheidet

Es gibt keine allgemein gültigen Regeln für den perfekten Modellbau. Den Maßstab setzen wir immer selbst; nur glaubwürdig und wirklichkeitsnah sollte die Modell-Nachbildung sein.

Wenn Sie eine Fachwerkstadt bauen wollen, tun Sie es. Konstruieren Sie eine durch Spekulation, Brände, Bomben und Abrisse zerstörte Stadtlandschaft. Erstellen Sie eine gepflegte Jugendstilstraße oder eine Neubausiedlung mit idyllischen Gärten. Sie wählen, ob Sie eine heile Welt modellieren oder eine Stadt, in der alles in Bewegung ist. Wichtig ist, wie Sie Ihre Umgebung sehen und ob Ihre Szenen für andere nachvollziehbar sind.

Nachvollziehbar heißt dabei nicht, daß Sie eine Vorbildsituation exakt nachbauen sollen. Der erste Blick auf das Modell soll dem Betrachter vielmehr signalisieren: „So etwas gibt es, das kenne ich aus eigener Anschauung oder von Bildern und Filmen."

Was Ihren Anspruch in Sachen Perfektion betrifft, entscheiden Sie selbst. Wenn Sie der Meinung sind, daß alle Gebäude eine Inneneinrichtung haben müssen, spricht höchstens der Zeitaufwand dagegen und daß man selten durch die Fenster der Modelle schaut. Wenn Sie einzelne Zimmer beleuchten wollen, geht auch das. Sie können ebenso gut auf Beleuchtungen verzichten und statt dessen größeren Wert auf die Gestaltung der Hinterhöfe und der Fassaden legen. Erlaubt ist, was gefällt.

Unbegrenzte Möglichkeiten zur Verfeinerung

Die Betätigungsmöglichkeiten sind im Modellbau nahezu unbegrenzt. Sie brauchen nur die Wirklichkeit und Ihre Modellsituation zu vergleichen um zu sehen, was im Modell fehlt. Dann fällt Ihnen vielleicht auf, daß die Fensterläden unbeweglich sind, daß die Papierkörbe maßstäblich aus Rasiererscherfolie zusammengelötet werden könnten, daß Hausnummern fehlen, daß das Licht im Treppenhaus nicht ständig brennen sollte und der Bausatzhersteller Briefkästen und Klingelknöpfe vergessen hat.

Wenn Sie diese Aufzählung weniger interessiert, sollten Sie sich nicht durch die Arbeiten ehrgeiziger Superbastler frustrieren lassen, weil diese im Detail viel weiter gegangen sind. Vielleicht haben Sie einfach zu wenig Zeit oder möglicherweise noch ein paar andere Dinge im Kopf, die Ihnen ebenso wichtig sind wie der Modellbau.

Zusammenfassung

Wenn Sie sich nicht auf einen winzigen Ausschnitt der Realität beschränken wollen, müssen Sie sich klarmachen, daß Sie die Wirklichkeit nur nachempfinden können. Suchen oder komponieren Sie eine typische Vorbild-Situation und setzen Sie ihre wesentlichen Elemente ins Modell um. Achten Sie auf Epochen und vermischen Sie nicht regionale Baustile. Orientieren Sie sich nicht an überladenen Katalogabbildungen. Wie weit Sie in der Detaillierung gehen wollen und ob eine Szene „schön" oder „realistisch häßlich" ist, entscheiden Sie. Das Modell muß glaubwürdig sein. Nur dann wirkt es „echt" und wirklichkeitsnah.

2
Die Ortschaft nach Plan

Vielleicht sind Sie ein Mensch, der den Modellbau ganz zielgerichtet betreibt: jetzt baue ich ein Dorf. Also brauche ich eine Kirche, einen Marktplatz, viele alte Häuser und ein paar neuere Siedlungshäuser und plaziere sie auf der Fläche, die auf meiner Modellbahn noch frei ist. Leider versagt dieses Konzept.

Wenn Sie Glück und genügend Platz haben, gelingt Ihnen vielleicht eine sinnvolle Anordnung der Gebäude. Aber die Gefahr ist sehr groß, daß das Ergebnis folgendermaßen aussieht: die Wohnhäuser sind in gleichmäßigem Abstand verteilt, dazwischen verlaufen einige Straßen, die an den Gleisen oder im Nichts enden. Die Fahrbahnen dienen keinem sichtbaren Zweck, sind zu schmal und einheitlich eingefärbt. Alle Gebäude liegen in einer Ebene.

Kinder finden solche Arrangements praktisch. Hauptsache, sie können mit den Zügen rundherum auf dem Schienenoval fahren und die Abstellgleise zum Abhängen der Wagen erreichen. Auch meine ersten Anlagen haben so ausgese-

Dioramen können der Beginn einer Anlage oder die Verwirklichung eines eigenständigen Motivs auf kleinster Fläche sein. Die französische Bahnhofstraße „rue de la gare" entstand ohne konkretes Vorbild mit Bausätzen von Faller, Kibri, Pola und MKD. Die Grundfläche von 80 cm x 30 cm paßt ins Wohnregal

Die Ortschaft nach Plan

Vorbereitungen für den Ballonstart, gekonnt in Szene gesetzt von Faller. Auch auf einem großen Marktplatz könnte – durchaus vorbildgerecht – ein Werbeballon gestartet werden

hen. Ich fand sie früher gut. Schließlich entsprachen die Anlagen im Märklin-Katalog damals auch diesem Muster.

Was die Modellbahnhersteller für die Präsentation ihrer Produkte geeignet fanden, hat die Vorstellungen vieler Modellbauer unbewußt beeinflußt und leider unzählige Anlagen hervorgebracht, die spielzeughaft aussehen.

Welche Lehren sind aus der hier skizzierten Spielbahnanlage zu ziehen?

1. Zu viele gleichmäßig verteilte Gebäude und Straßen wirken unrealistisch und spielzeughaft.

2. Wer nur auf einer Ebene baut, verschenkt Gestaltungsmöglichkeiten.

3. Man braucht nicht ein komplettes Dorf, um ein Dorf darzustellen.

4. Straßen müssen einem bestimmten Verkehrszweck dienen und ihre Bedeutung erkennbar sein.

Auch wenn Sie buchstäblich die Kirche im Dorf lassen wollen, sollten Sie zuerst einmal die Wirkung dieses Sakralbaus bedenken. Ist die Anlage nur zwei Quadratmeter groß, zeigt die (annähernd maßstäbliche) Kirche überdeutlich, daß die Züge mehr oder weniger um ein winzigen Dorfkern kreisen. Warum deuten Sie nicht an, daß das Dorf „irgendwo dahinten" liegt und eine Straße zum Bahnhof im Vordergrund führt? Sie gewinnen Platz und verbessern die Wirkung,

14 **Die Ortschaft nach Plan**

Mit Fantasie und ausgeprägter Beobachtungsgabe entstehen interessante Motive. Hier wird mit Hilfe eines Autokrans eine neue Kuppel auf den Dorfkirchturm gesetzt Diorama: Wiking

denn die Fantasie des Betrachters spinnt sich das Dorf, das auf der Hintergrundkulisse angedeutet ist, von selbst zusammen. *Die Kunst des Modellbaus besteht im Andeuten und Weglassen.*

Durch verschiedene Ebenen auf Ihrem Landschaftsstück staffeln Sie die Gebäude oder machen deutlich, daß hier das Dorf keinen Platz gehabt hätte und der Bahnhof etwas außerhalb liegt. Auch die Topographie, und sei es nur ein kleiner Fluß, begründet für den Betrachter einleuchtend, daß nur die Ausfallstraße eines Dor-

Rechte Seite:
Eine Schneelandschaft gehört im Modellbau zu den Seltenheiten. Das überrascht nicht, denn der Arbeitsaufwand ist recht hoch. Schließlich gehört mehr dazu, als nur die Landschaft mit einer weißen Schicht zu überziehen. Auch hier zählen für ein stimmiges Gesamtbild solche Kleinigkeiten wie richtig plazierte Eiszapfen und Schneeberge neben den Straßen. Vielleicht regt das Faller-Diorama an, einmal den Winter zum Thema zu machen. Filigrane Bäume, z. B. von Silhouette, gehören dann unbedingt dazu, denn das stark vereinfachte Astwerk der Kunststoffbäume kann nicht durch Laub verdeckt werden

fes sichtbar ist. Wenn Sie zum Beispiel ein Eisenbahnerwohnhaus an die Bahnhofstraße stellen, haben Sie ein Argument für einen weit außerhalb liegenden Bahnhof.

Welche Lösung Sie auch finden: der Platz reicht niemals aus, um ein ganzes Dorf oder eine Stadt darzustellen. Finden Sie eine Möglichkeit, überzeugend einen Teil der Ortschaft darzustellen. Die Fantasie erfindet den Rest von allein dazu.

Für den Anfang: ein Diorama

Es scheint ein unsichtbarer Zwang zu sein, der praktizierende und träumende Modellbahner dazu treibt, Großanlagen zu planen. Ganze Räume, Dachböden und Keller werden im Geist mit zweigleisigen Fernstrecken und Großstadtbahnhöfen, Tunneln und Brücken ausgefüllt. Manche Modellbahner fangen mit dem Bauen tatsächlich an; die meisten lassen in ihrer Fantasie Güterzüge und endlose Schnellzüge über ausgedehnte Gleisanlagen rattern, ohne jemals mit dem Meisterwerk anzufangen. Die wenigsten schaffen die Fertigstellung, weil sie sich zuviel vorgenommen oder zu wenig Geduld haben.

Das probateste Mittel gegen Großanlagenfrust ist, die Träume Träume sein zu lassen und *endlich klein anzufangen*. Sie werden sich wundern, wieviel Spaß der Modellbau machen kann! Selbst wenn kein Meter Schiene zum Zuge kommt, welcher vorläufig ganz gut hinter einer Glasscheibe im Wohn- oder Bastelzimmer verschwinden kann.

Die Rede ist vom Diorama, der kleinsten Einheit des Modellbaus. Es gibt keine bessere Methode, vorbildgerechte Schaustücke zu entwickeln. Wenn Sie einen kleineren Maßstab als H0 bevorzugen, genügt dafür schon ein Brett im Bücherregal.

Dioramen sind gebaute Teilträume

Trennen Sie sich endgültig von der Vorstellung, daß sich Modellbau nur auf quadratmetergroßen Platten abspielt! Dioramen sind, wie das eisenbahn magazin und andere Zeitschriften immer wieder beweisen, gebaute Teil-Träume. Und was für Träume! Kein Anlagenthema, kein Epochendenken, kein Platzmangel schränkt die Möglichkeiten ein, die grenzenlos sind:

– Wenn ich einen schönen Gebäudebausatz sehe, baue ich eine Straßenszene,

– den filigranen Epoche-II-Güterwagen stelle ich an einen Güterschuppen aus der Jahrhundertwende mit Kran, Pferdewagen und Oldtimerlastwagen,

– die Fischbauchbrücke überquert einen romantischen Wasserlauf, an dem eine alte Fabrik steht;

– der Heißluftballon-Start soll mich an meine erste Ballonfahrt erinnern,

– der italienische Dorfbahnhof weckt Urlaubserinnerungen an den sonnigen Süden,

– die Feldbahn-Szene hätte sowieso nicht mehr auf die Anlage gepaßt,

– das attraktive Straßenbahnmodell braucht einen passenden Hintergrund,

– die Feuerwehrwagen-Sammlung plaziere ich zum Tag der offenen Tür vor dem Spritzenhaus...

Sicher fallen Ihnen noch andere Szenen ein, die Sie gern im Modell darstellen würden. Dioramen geben die Möglichkeit, ohne die Zwänge einer Anlage oder einer bestimmten Epoche kleine und größere Träume zu verwirklichen. Das schließt keineswegs aus, daß später daraus eine Anlage entsteht oder das Diorama in ein platzsparendes Streckenmodul integriert wird.

Und noch ein paar Argumente möchte ich meinem Plädoyer für das Diorama hinzufügen: Weil ich mich ganz bewußt mit einer einzigen Szene beschäftige, lerne ich zu beobachten und über realistische Details nachzudenken. Und weil ich eine überschaubare Etappe vor mir habe, verliere ich nicht die Geduld und kann absehen, wann das Modell fertig ist.

Nicht zuletzt hält sich der Schaden in Grenzen, wenn ich eine neue Technik nicht ausreichend beherrscht habe oder das Diorama „nicht aus-

Die Ortschaft nach Plan   17

Noch einmal Frankreich. Die Hafenszene von O. Sickert/Wegass erinnert an heißen Sommerurlaub bei eiskaltem Weißwein und leckeren Fischgerichten. Die typisch französischen Dorfhäuser stammen von MKD

Ein Diorama, das ebensogut Bestandteil einer kleinen Anlage sein könnte: Fünf Fachwerkhäuser von Kibri bilden die Reste eines mittelalterlichen Stadtkerns an einem gepflasterten Platz. Ein Fachwerkhaus (hinten rechts) und ein verputztes Haus aus der Staufen-Serie von Faller (links) setzen die Häuserzeilen fort. Rechts wurden zur Jahrhundertwende Wohnhäuser gebaut, die nun wegen Baufälligkeit abgerissen werden (Pola-Modell) und einem Rauchglaspalast Platz machen. Der (Kibri-) Bagger streikt gerade. Hinten rechts ist noch eine Fischbauchträgerbrücke erkennbar. Die angedeutete Eisenbahnstrecke verläuft auf einem Damm am Rand der Altstadt. Feine Ätzteile verschönern das Eckhaus: eine Antenne und eine Sonnenuhr von Brawa; ein Gerard-Fahrrad lehnt an der Ecke. Nachts spendet die Viessmann-Laterne den Fußgängern und der Mofafahrerin von Preiser sowie den Autos von Herpa und Rietze mildes Licht. Perfektionisten könnten noch ergänzen: Kanaldeckel, Reifenspuren, Parkuhren, Beschriftungen und Messingschilder für ein Gasthaus, Verkabelung der Dachständer, weitere Straßenbeleuchtungen, Warnblinker und Baustellenabsperrungen. Vergleichen Sie auch einmal die erheblichen Größenunterschiede bei den Fensterkreuzen der Fachwerkhäuser. Die dünnen Profile sind vorbildgerecht

Die Ortschaft nach Plan

sieht". Wer reißt dagegen gern eine mißratene Großanlage ab?

Wie sprichwörtlich nach Rom, so führen auch zum Diorama viele Wege. Bei meinem Diorama „Rue de la gare" (eisenbahn magazin 9/1990) war ein Faller-Wohnhaus im französischen Stil der Auslöser, einen frankophilen Straßenzug zu bauen. Wenn Sie dagegen zum Beispiel Ihrem neuerworbenen „Rangieresel" und ein paar gesuperten Güterwagen ein passendes Umfeld schaffen wollen, werden Sie beim Blättern in Zubehörkatalogen fast zwangsläufig bei den Kibri-Fabrikgebäuden landen. Ein kleines Fabrikgelände mit Drehscheibe und zwei, drei Ladegleisen ist dann schnell geplant. Wenn Sie Fachwerk- oder Jugendstil-Liebhaber sind, finden Sie in allen Katalogen reichlich Modelle bis hin zu passenden Arrangements, die im Maßstab übereinstimmen.

Die Gebäude-Auswahl: H0 ist nicht immer H0

Wenn Sie Ihr Traumthema im Kopf oder schon ein Gebäude als Kernstück Ihres Dioramas ausgewählt haben, beginnt die Suche nach passenden Bausätzen.

Ich halte nicht viel von der Methode, Modellfotos aus den Katalogen auszuschneiden und zum Testen der Anordnung aufzustellen. Denn weder die Perspektiven noch die Größenverhältnisse stimmen soweit überein, daß man mehr als einen groben Überblick erhält. Hinzu kommt, daß der teuer bezahlte Katalog unwiederbringlich futsch ist.

Beachten Sie bei der Gebäudeauswahl, daß die Modellhaushersteller im Lauf der Jahrzehnte zwar ihre Vorstellungen von einem maßstäblichen Gebäude, nicht aber ihr ganzes Sortiment

Faszinierend für Technik-Freaks und etwas zu groß für die meisten Anlagen: das Pola-Wasserkraftwerk am Staudamm ist ein reizvolles Thema mit Erweiterungsmöglichkeiten. Ein Gleisanschluß für den Transport von Transformatoren und Turbinen und reger Wassersport auf dem Stausee wären sinnvolle Ergänzungen

Dieses Bauernhof-Idyll von Faller wirkt sehr realistisch, lediglich die Dächer brauchen noch etwas Patina. Auf einer Modellbahnanlage ist für so einen großen Hof kaum Platz. Wer trotzdem unbedingt ein Stück Eisenbahn inszenieren will, könnte im Vordergrund eine Bimmelbahnstrecke mit vielen unbeschrankten Bahnübergängen verlegen   Foto: Faller

gewechselt haben. So müssen wir uns damit abfinden, daß noch viele Bausätze im Angebot sind, die trotz der Maßstabsangabe H0 eher für TT oder sogar N geeignet sind. Und manches N-Häuschen könnte auch auf der Z-Anlage stehen. Die größten Abweichungen findet man jedoch bei den älteren H0-Gebäuden, die statt 87:1 hundert- bis zweihundertfach verkleinert sind.

Nun möchten uns die Modellhersteller verständlicherweise möglichst viele Bausätze verkaufen und haben bei den Bausatzentwürfen auch an den beschränkten Platz auf der Anlage gedacht. Die offensichtliche Mogelei beim Maßstab hat aber doch seinen Sinn, wenn wir uns auf das letzte Kapitel dieses Buchs beziehen: Im Modellbau empfinden wir die Wirklichkeit nach, wir bilden sie nicht maßstäblich ab.

Auf die *Wirkung* der Modelle kommt es an. Denn ein stattliches Geschäftshaus würde eine zu

große Grundfläche beanspruchen und, proportional verkleinert, im Mißverhältnis zu den zwangsläufig stark verkürzten Gleisanlagen stehen. Deshalb verkleinern die Bausatzkonstrukteure mit Recht zumindest die Gebäudetiefe und oft auch die Breite.

Ob es richtig ist, auch die Stockwerkshöhen von Etage zu Etage zu verkleinern, müssen Sie selbst beurteilen. Besonders deutlich wird diese Methode bei Vollmer-Gebäuden. Das Erdgeschoß ist annähernd H0-gemäß, nach oben zu wird's so eng, daß die Modellmenschlein gebückt durchs Haus gehen müßten. Das bekannte Argument, daß die Stockwerke der Originalhäuser vom Gehweg aus betrachtet mit abnehmender Entfernung kleiner aussähen, sticht nicht. Schließlich können wir nicht durch die Augen der Modellfiguren schauen oder unser Auge 18 mm über dem Modell-Bürgersteig plazieren. Doch von oben sehen wir die niedrigeren oberen Stockwerke wieder etwas größer... Welche Sichtweise Ihnen plausibler erscheint entzieht sich einer allgemein gültigen Beurteilung.

Gleitende Maßstäbe, also unterschiedliche Verkleinerungen innerhalb eines Gebäudes, erkennt man bei kritischer Betrachtung der Katalogbilder, indem man gedanklich eine Figur oder eine andere Bezugsgröße an die oberen Etagen hält. Reicht die Höhe nicht für die ganze Figur und etwas Luftraum über dem Polystyrol-Köpfchen, wurde mit gleitendem Maßstab gearbeitet. Unterm Dach hat dann oft nur noch ein Z-Figürchen Platz.

Schlaue TT-Bahner nutzen solche höhengeschrumpfte H0-Gebäude, indem sie die Erdgeschosse um einige Millimeter verkleinern und erhalten so auf recht einfache Weise passende TT-Häuser.

Hohe Gebäude lassen die Umgebung schrumpfen

Bevor Sie vorschnell einen Bogen um Bausätze mit gleitendem Maßstab machen, sollten Sie einen kleinen Nachteil bedenken, den die maßstäblichen Stockwerkshöhen bei fast allen Pola- und den meisten neueren Bausätzen von Faller, Kibri und Auhagen haben: *Große Gebäudehöhen lassen die Umgebung schrumpfen.*

Ein maßstäblich exakt verkleinerte Kirche, ein Turm oder ein Kran führen vor Augen, daß die umgebende Fläche gestaucht ist. Besonders deutlich wird das bei überbauten Flächen, weniger bei Wiesen und Feldern. Keine Probleme gibt es lediglich bei kleinen Dioramen, weil keine Bezugspunkte in der Modellandschaft existieren: das Diorama ist ja nur ein Ausschnitt aus der Erdoberfläche und ohne Bezug zu dem Zimmer, in dem es steht.

Wenn Sie unbedingt eine Kirche oder andere hohe Bauten auf Ihre Anlage stellen wollen, dann bitte nicht in die Mitte, sondern an den Rand, um die optische Stauchung der Fläche weitgehend zu vermeiden. Nur die unmittelbare Umgebung gerät in den optischen Sog des Hochbaus.

In jedem Fall, auch bei einem Diorama, gilt: Plazieren Sie nur Gebäude mit passenden Stockwerkshöhen nebeneinander. Höhenreduzierte Stockwerke dürfen nicht neben maßstäblichen Etagen stehen. Unmittelbar an den Gleisen gelegene Gebäude sollten jedoch immer maßstäblich sein, weil die Eisenbahnfahrzeuge exakt verkleinert sind und sonst überproportional groß aussehen würden.

Friedliches Nebeneinander

Je enger benachbarte Gebäude stehen, um so besser müssen sie zueinander passen. Allgemeingültige Regeln gibt es leider nicht, weil es in der Realität fast nichts gibt, was es nicht gibt. Es ist durchaus möglich, daß zwischen Häusern aus der Jahrhundertwende ein Fachwerkhaus stehengeblieben ist oder in der Innenstadt eine ganze Fachwerkhauszeile nachgebildet wurde wie der Römer in Frankfurt am Main.

Im Regelfall sind die meisten Gebäude einer Straße innerhalb weniger Jahre entstanden. Nur in den Innenstädten gibt es offensichtliche Generationswechsel, so daß jahrhundertealte Häuser neben Nachkriegsbauten oder neu errichteten Geschäftshäusern stehen. Wurde ein früheres Dorf in die Stadt einverleibt wie etwa Haidhausen in München, kann man dörfliche Straßenseiten oder einzelne Häuser entdecken, die nur eineinhalbstöckig gebaut sind. Gegenüber wurden vier- bis fünfstöckige Jugendstilhäuser errichtet, die nach dem 2. Weltkrieg teilweise durch einfache Nachkriegswohnhäuser ersetzt wurden.

In jeder Stadt ist die eingangs zitierte Bausünde zu beobachten, daß sich Banken mit scheinbar repräsentativen, aber völlig unpassenden Bauten zwischen gewachsene Strukturen zwängen. Es mag am Einfluß der Bankvertreter auf den Gemeinderat liegen, geschmacklose städtebauliche Realität ist es allemal, die man nachbilden kann – aber nicht muß.

Allzu große Höhenunterschiede in der Bebauung sind im allgemeinen selten, weil Bebauungspläne die maximalen Gebäudehöhen festlegen. Deshalb sollten Sie bei einer Geschäftsstraße auf annähernd gleiche Höhen achten. Was nicht bedeutet, daß auch die Stockwerke benachbarter Gebäude die selbe Höhe haben müssen! Schließlich haben Altbauten aus der Jahrhundertwende Raumhöhen bis zu vier Metern, während gewöhnliche Nachkriegsbauten 2,25 bis 2,55 m hohe Zimmer haben. Das setzt selbstverständlich nicht die Regel außer kraft, daß Gebäude mit gleitendem und festem Maßstab nicht benachbart sein dürfen.

Die Form der Dächer kann von den Stadtplanern festgelegt worden sein, und wir tun gut daran, wenn wir auch in einer Modellstraße auf einen glaubhaften Rhythmus der Dächer achten. Moderne Flachdächer passen nicht zu steilen Satteldächern, Mansardendächer gibt es nur bei freistehenden Gebäuden. Ausnahmen sind denkbar, wenn ein Dach durch einen Brand zerstört wurde und man behelfsweise ein einfaches Wellblechdach auf den Gebäuderest gesetzt hat wie etwa bei Polas Milchbar.

Nicht gleich alle Bausätze kaufen

Welche Gebäude zueinander passen, sieht man nach meiner Erfahrung erst, wenn man sie zusammengeklebt hat. Erst dann läßt sich ihre Wirkung und Dimension beurteilen. Ich bevorzuge deshalb die Vorgehensweise, zunächst zwei oder drei jener Bausätze zu kaufen, die ich für ein Diorama oder ein Anlagenstück unbedingt erforderlich halte. Das bewahrt vor unangenehmen Überraschungen.

Und davon gibt es viele:

– die Gebäudetiefen stimmen nicht überein,

– die Dächer passen nicht zueinander,

– die Bausätze verschiedener Hersteller wirken nicht gut nebeneinander, weil ein filigran graviertes Haus neben einem klobigen stehen würde,

– die Qualität befriedigt nicht.

Dazu kommt beim Bauen gelegentlich die Ernüchterung, daß die vielen Gebäude, die man gedanklich eingeplant hat, den Rahmen sprengen würden. Eine Freifläche mit Grünzeug, ein paar Garagen, eine Baustelle, eine Gartenwirtschaft oder ein Spielplatz würde die Szene vielleicht bereichern.

Kaufen Sie die Bausätze Stück für Stück. Machen Sie mit den fertigen Häusern Stellproben und überlegen Sie dabei auch, was sich hinter den Häusern abspielen könnte. Vielleicht verläuft da eine enge Gasse, die durch einen Spiegel oder Halbreliefbauten simuliert wird. Oder Sie haben Platz für Garagen, Trockenplätze und Werkstätten, die von der Straße aus zugänglich sein müssen. Die Ideen kommen meist erst, wenn bekannt ist, wie die Rückseite der Gebäude aussieht. Katalogbilder zeigen diese selten.

Zusammenfassung

Ein Diorama ist der ideale Start in die Gestaltung von Dörfern und Städten, weil Bauzeit und Thema einen überschaubaren Umfang haben. Das schließt die spätere Integration in eine Anlage nicht aus, gibt aber auch die Möglichkeit, ganz zwanglos einen Traum ins Modell umzusetzen. Kaufen Sie Bausätze nicht auf einmal und probieren Sie die Wirkung jedes fertigen Gebäudes zuerst aus, bevor Sie Ihr Diorama oder Ihr Anlagenstück vervollständigen. Beachten Sie vor allem die bei H0-Modellen verbreiteten Maßstabsabweichungen.

3
Die Bausatz-Montage

Das schwierigste an der Montage eines Bausatzes ist, sich die erforderliche Zeit zu nehmen und genügend Geduld aufzubringen. Ein paar Werkzeuge erleichtern die Arbeit. Schon vor dem Zusammenkleben sind Farbgebung, Beleuchtung und Befestigung eine Überlegung wert.

Spalten, Klebstoffflecken und schiefsitzende Details sind fast zwangsläufig das Ergebnis, wenn Sie einen Bausatz in Eile zusammenkleben. Gehen Sie nach den illustrierten Bauanleitungen vor, ist ein kleineres Gebäude in ein bis zwei Stunden fix und fertig. Sie haben das Ziel erreicht: Ihr Modell ist so schön wie in der Katalogabbildung und genau so, wie es hunderttausend andere Modelleisenbahner auch gebaut haben. Wollen Sie das Modell wirklich so auf Ihre Anlage oder Ihr Diorama stellen: blitzsauber, glänzend und in nur wenigen, übertrieben leuchtenden Farben?

Die farbliche Überarbeitung der Kunststoffteile wird uns im nächsten Kapitel beschäftigen. Zunächst einige Hinweise zum Zusammenbauen der Bausätze. Nicht nur das Werkzeug ist wichtig für das Gelingen des Modells; es sind auch einige Vorüberlegungen notwendig, bevor die Teile zusammengeklebt werden.

Das Handwerkszeug

Wenn Sie keinen Basteltisch oder einen ausgedienten Schreibtisch haben, dem Kratzer und Schnitte nicht schaden, sollten Sie eine Sperrholzplatte von etwa 40 x 50 cm auf den Wohnzimmertisch legen. Zur Not dient eine dicke Wochenendzeitung als Unterlage, denn wir wollen vermeiden, daß das scharfe Bastelmesser Schäden anrichtet.

Bastelmesser mit abbrechbaren Klingen gibt es schon unter einer Mark in Baumärkten. Besser sind Messer aus meist japanischer Produktion, die man für etwa 8 DM im Schreibwaren- und Büromaterialgeschäft kaufen kann: sie schneiden schärfer und haben eine bessere Klingenführung aus Blech. Meist ist schon eine Ersatzklinge beigelegt, weitere kann man nachkaufen, was bei den Billigmessern nicht möglich ist.

Auch wenn es naheliegt, die Bausatzteile vom Spritzling durch Drehen und Hebeln abzutrennen – eine elegante und zweckmäßige Art ist das nicht. Viel zu leicht verbiegt sich ein dünnes Teil dabei, wird weiß oder trennt sich nicht an der

Rechts: Die Zeichnungen von Ivo Cordes zeigen die ersten Schritte, bevor ein Bausatz zusammengeklebt wird.
a: Auch wenn erfahrungsgemäß äußerst selten etwas fehlt, sollte erst einmal geprüft werden, ob alle Teile vorhanden und sauber gespritzt sind.
b: Bei komplizierten Modellen sollte man versuchen, den Aufbau und die Struktur des Modells zu erfassen, bevor man vorschnell zum Klebstoff greift
c: Einzelne Baugruppen lassen sich zusammenfassen und beschleunigen die spätere Arbeit.
d: Änderungen wie ein schräges Kellergeschoß für ein Haus in Hanglage müssen schon vor dem Zusammenbauen bedacht werden
e: Abgetrennte Bauteile werden bei Verwechslungsgefahr mit der Bauteilnummer beschriftet. Besser: Teil erst abtrennen, wenn es benötigt wird
f: Das Teil wird mit einer Nagelschere oder einer kleinen Zange (z. B. von Faller) möglichst nah am Bauteil abgeschnitten
g: Reste werden mit einer Feile entfernt
h: Grate müssen mit dem Bastelmesser abgeschnitten oder abgeschabt werden
i: Unebenheiten an Klebekanten werden mit feinem Schleifpapier, das auf einem Holzklotz gespannt ist, plangeschliffen

Die Bausatz-Montage 25

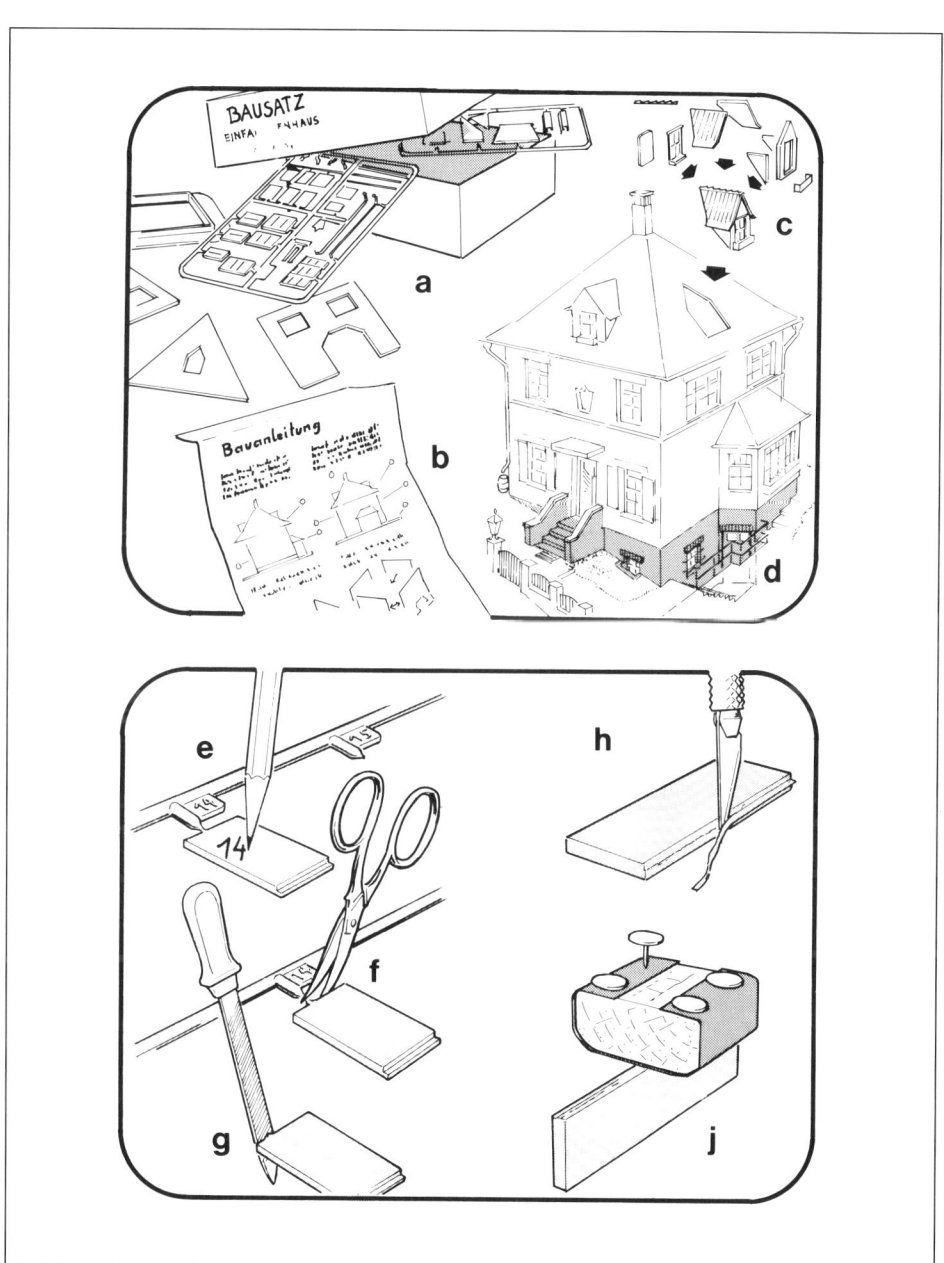

Die Bausatz-Montage

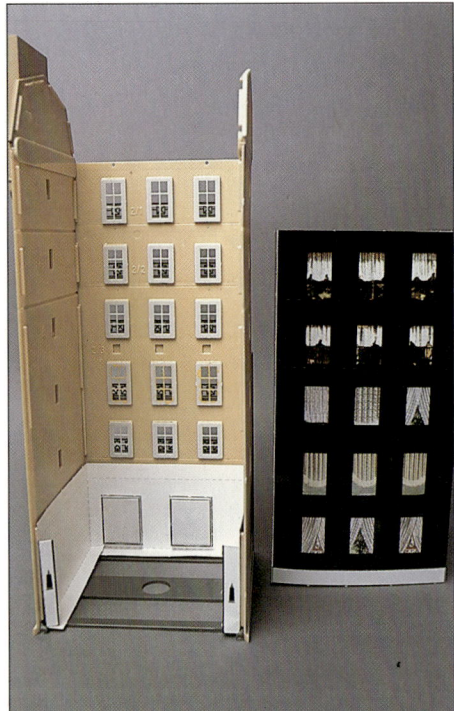

Eine sehr gute Lösung ist diese paßgenaue Innenmaske aus dickem, hochglänzenden Papier, die zugleich die Fensterscheiben ersetzt. Dem Nachteil des dicken Papiers – zu wenig lichtdurchlässige Fenster, wenn eine Innenbeleuchtung verwendet wird – ist durch ein Tröpfchen Öl beizukommen. Die Wirkung sollte jedoch zuerst auf einem nicht benötigten Teil der Maske ausprobiert werden. Auch darf nicht vergessen werden, einige Fenster von innen schwarz zu hinterlegen: selten sind alle Zimmer eines Hauses beleuchtet

Sollbruchstelle von den Angußkanälen. Dünnere Teile lassen sich mit dem Bastelmesser abschneiden, wenn man den ganzen Spritzling auf die Unterlage legt. Dickere Teile werden mit einem kleinen Seitenschneider oder einer Nagelschere aus dem Maniküre-Etui abgetrennt. Den Rest der Angußstelle schneidet und schabt man mit dem Bastelmesser ab. Bei runden Kanten ist eine Nagelfeile zum Glätten nützlich.

Die Feile muß auch mal in Aktion treten, wenn die Teile nicht passen. Leider gibt es immer noch fehlerhafte Bausätze, bei denen die Schrumpfung der warmen Polystyrolmasse nach dem Spritzen nicht richtig kalkuliert wurde und deshalb eine Fläche zu groß ist. Mit der Feile läßt sich das Übermaß recht gleichmäßig abheben. Auch feines Sandpapier, das auf eine Holzleiste geklebt ist, leistet nützliche Dienste. Man fährt damit über die Kante oder schiebt das Kunststoffteil über dem Schleifpapier hin und her.

„Schwimmhäute" und Grate an den Spritzteilen sind Qualitätsmängel und zeigen, daß der Hersteller seine Spritzmaschinen und Formen nicht ganz im Griff hat. Diese Ungenauigkeiten werden vorsichtig mit dem Messer entfernt. Manchmal empfiehlt es sich, das Messer senkrecht zur bearbeiteten Fläche zu stellen und zu schaben. So wird verhindert, daß das Messer schräg in die Fläche eindringt und unbeabsichtigt zum Schnitzwerkzeug wird.

Was soll farblich bearbeitet werden?

Ich rate davon ab, einen Bausatz erst nach der Montage farblich zu verschönern. Einzige Ausnahme ist das Dach, weil man die Spalte, die sich beim Zusammenkleben der selten perfekt passenden Dächer ergeben, mit viel Klebstoff und Farbe kaschieren kann und muß.

Wie Sie Bausatzteile farblich behandeln, wird in einem anderen Kapitel beschrieben. Wenn Sie Teile lackiert haben, werden Sie sich einige Stunden gedulden müssen, bis der Bausatz ohne klebende Finger und beschädigte Lackierungen ins Baustadium übergehen kann.

Der richtige Klebstoff

Tubenkleber hat bei H0-Bausätzen und kleineren Maßstäben eigentlich keine Existenzberechtigung mehr, weil er stinkt und durch Überquellen allzu leicht die Bausätze versaut. Außerdem sind die Teile meist so klein, daß die großen Klebertropfen ein gezieltes Arbeiten nicht zulassen, vom lästigen Fädenziehen einmal abgesehen.

Die besten Erfahrungen habe ich mit Faller-Expert-Kleber mit Kanüle gemacht. Dieser Klebstoff ist durch seine Zusammensetzung am wenigsten gesundheitsschädlich, riecht kaum und klebt trotzdem gut. Bei großen Flächen, die auf einmal verklebt werden müssen, muß man im Gegensatz zum Tubenkleber schon mal beide Flächen mit Klebstoff versehen und sich beeilen, weil der Flüssigkleber schneller trocknet. Die Ergebnisse sind jedenfalls sehenswert und kleckerfrei. Das Fläschchen hält ewig, weil durch die geringen Mengen, die man wegen der Kanüle verbraucht, der Kleber sehr ergiebig ist. Im Gegensatz zu anderen Fabrikaten verklebt die Kanüle nur selten und ist mit einem brennenden Streichholz gefahrlos freizulegen.

Einige Sätze zur Klebetechnik: einseitiger und äußerst sparsamer Kleberauftrag sollte die Grundregel sein. Nur an Kanten, die lichtdicht sein müssen oder bis zum Abbinden und danach hohen Belastungen ausgesetzt sind, kann ein bißchen mehr aufgetragen werden. Nicht immer, zum Beispiel bei Fensterrahmen, reicht die Klebefläche aus. Dann hilft der Trick, den Rahmen ohne Klebstoff in die Wand zu legen und von hinten, also von der später nicht sichtbaren Innenseite, vorsichtig ein paar Tröpfchen in den Spalt zwischen beiden Teilen zu geben. Auch Glasflächen aus Polystyrol werden so ohne sichtbare Kleberspuren befestigt.

Weiteres Werkzeug für den Plastikmodellbau findet man in jedem Haushalt: Gummiringe und Wäscheklammern. Die Gummiringe halten Wände bis zum Abbinden zusammen. Wäscheklammern, am besten aus Holz, fixieren Dachrinnen und andere Kleinteile, aber auch größere Flächen.

Als Verfechter von präzisen Bausätzen bin ich kein Modellbauer, der Konstruktionsfehler als Herausforderung auffaßt und bereitwillig Lücken und Ungenauigkeiten mit Kunststoffspachtelmasse ausfüllt. Schließlich erwarte ich für mein Geld Qualität. Es ist aber kein Fehler, Spachtelmasse im Haus zu haben, um notfalls einen Bausatz oder eigene Konstruktionen zu retten.

Das ist besonders wichtig bei sichtbaren Gebäudeecken und Mauerwerkimitationen, die nicht zusammenpassen.

Frühzeitig planen: die Innenbeleuchtung

Wenn Sie ein Gebäude beleuchten wollen, müssen Sie vor dem Montieren der Wände bedenken, welche Beleuchtung Sie benutzen wollen und prüfen, ob im Bausatz eine lichtdichte Maske enthalten ist. Ist diese zu dünn, müssen alle Spalte im Kunststoff, auch zwischen Bodenplatte und Wänden, abgedichtet und die Wände von innen schwarz lackiert werden, damit kein Licht an der falschen Stelle nach außen dringt. Und weil beim Vorbild nie alle Fenster beleuchtet sind, muß die Maske entsprechend vorbereitet werden: schwarzer Karton deckt die unbeleuchteten Fenster von innen ab.

Die Zubehörindustrie ist, was Innenbeleuchtungen betrifft, nicht gerade kreativ. An der technischen Entwicklung der letzten Jahrzehnte gemessen sind die angebotenen zu hellen und überwiegend Wärme produzierenden Glühbirnen wahre Steinzeitrelikte. Verzichten Sie im Zweifelsfall lieber auf eine Beleuchtung. Sie ersparen sich dadurch manche Enttäuschung.

Da ich gerade beim Kritisieren bin: die Qualität der Masken oder auch Vorhang- und Schaufenstereinrichtungsimitationen ist sehr unterschiedlich und selten befriedigend. Manchmal reicht es aus, die billigen Zweifarbdrucke farblich zu ergänzen. Wenn es noch fotografische Verkleinerungen oder fein strukturierte Vorhänge sind, wirft man die Masken der Marke „naive Malkunst" lieber gleich weg und ersetzt sie durch Stores aus Papiertaschentuch-Lagen und dreidimensionale Schaufenstereinbauten.

Die Gebäudebefestigung bedenken

Beleuchtete Gebäude sollten Sie zum leichteren Austausch der Lampen nicht auf die Anlagenplatte kleben. Sehen Sie schon vor dem Zusammenbau eine Schraub- oder Steckverbindung zwischen Gebäudegrundplatte und Standplatz vor. Wenn keine Grundplatte vorhanden ist, nehmen kleine Holzwürfel in den Ecken später von unten eingedrehte Schrauben auf.

Der Trockentest schützt vor Fehlern

Beim Montieren des Bausatzes ist der Kleber immer schnell zur Hand. Doch wenn das Teil anders als geglaubt angeklebt wird oder, was vorkommt, die Bauanleitung fehlerhaft ist, ist nicht nur das Teil an der falschen Stelle vom Kleber angelöst, sondern auch die Gegenseite. Die glänzenden Stellen sind nur mühsam zu entfernen. Deshalb machen Sie vor dem Bestreichen mit Kleber immer zuerst einen Trockentest: halten Sie die Teile aneinander, um sicher zu gehen, daß sie wie vorgesehen passen. Sie ersparen sich dadurch unangenehme Überraschungen, gegen die auch geübte Modellbauer nie gefeit sind. Manchmal ist es nur eine Abbruchstelle, die man versehentlich noch nicht geglättet hatte und die verhindert, daß die Teile lückenlos passen.

Zusammenfassung

Versuchen Sie, vor dem Zusammenbauen die Struktur des Bausatzes zu überschauen. Prüfen Sie, welche Teile vorab lackiert werden müssen, wie Sie die Beleuchtung einbauen und ob die Maske lichtdicht ist. Klären Sie die Befestigung der Gebäudegrundplatte auf der Anlage bzw. dem Diorama. Machen Sie vor dem Zusammenkleben der Teile grundsätzlich einen Trockentest.

4
Die Spuren der Jahre

Mit dem Altern ist es wie im richtigen Leben: man hat ein bißchen Angst davor. Es kostet schon etwas Überwindung, zum ersten Mal an die Alterung eines makellosen Bausatzes zu gehen. Dieses Kapitel zeigt Ihnen, wie Sie aus einem neuwertigen Massenprodukt ein individuelles und einzigartiges Modell machen, das nicht nur in der Form, sondern auch farblich dem Vorbild nahekommt.

Es gibt eine ganze Reihe von Anleitungen, die die Alterung oder, ein anderer Begriff, das Weathering (= die Verwitterung) von Kunststoffmodellen beschreiben. Ob es sich um Fahrzeuge oder Gebäude handelt: das Handwerkszeug ist weitgehend dasselbe.

Wenn Sie in der glücklichen Lage sind, in einer Großstadt zu wohnen, die leistungsfähige Fachgeschäfte für Modellbau beherbergt, können Sie vielleicht auf fertige Alterungs-Sets zurückgreifen. Meine Erfahrung, auch in Großstädten, zeigt leider, daß der Händler das gewünschte Fabrikat entweder nicht führt oder daß für die Wochenendbastelei dringend benötigte Set gerade ausverkauft ist und nicht so bald hereinkommt.

Finden Sie eigene Methoden

Ich habe aus dieser Erfahrung heraus brauchbare Materialien zusammengesucht und eigene Methoden entwickelt, die auch zu vorzeigbaren Ergebnissen führen. Lassen Sie sich nicht verrückt machen von Farbskalen, seitenlangen Beschreibungen von Mischungsverhältnissen und einzigartigen amerikanischen Farben, die Sie für teures Geld nur von einem einzigen Importeur beziehen können. Wenn Sie bei einem Profi-Modellbauer lesen, daß Plakafarben für Kunststoffmodelle absolut ungeeignet sind und ein anderer Profi schreibt, daß er nur mit diesen Farben arbeitet, sollten Sie die einzig richtige Konsequenz ziehen: *Verzichten Sie auf Expertenratschläge und sammeln Sie eigene Erfahrungen.*

Sicher haben Sie schon eine Reihe von Lackfarben in Ihrer Bastelkiste. Außer dem Lösungsmittelgestank spricht nichts gegen diese Farben. Ich habe in meinem Farbkasten einige Braun- und Erdtöne, Schwarz, Grautöne, Ocker, Orange, Dunkelrot, Dunkelgrün, Silber, Messing und Aluminiumfarbe. Ein Zufallsfund mit universellen Verwendungsmöglichkeiten war die Uniformfarbe British Grey von Humbrol. Sie eignet sich vor allem für Betonflächen und als unaufdringlicher Anstrich für viele Details. Grundsätzlich sind matte Farben erforderlich, außer bei den Metalltönen. Mattfarben trocknen schnell und sind oft schon in einer Stunde unempfindlich gegen Berührungen.

Lackfarben sind, mehr oder weniger verdünnt, für alle Alterungsarbeiten einzusetzen und darüber hinaus zum Bemalen von Figuren unverzichtbar. Variationen der Farbtöne sind sehr leicht herzustellen, wenn man mit einem Rührhölzchen, z. B. einem Streichholz, ein Tröpfchen Farbe auf eine Blisterverpackung, eine Glasscheibe oder den Kronkorken einer Bierflasche tupft. Mischt man zwei bis drei Farben mit einem Pinsel, allerdings nie vollständig, erhält man unzählige Farbtöne.

Ich wende diese Mischtechnik zum Bemalen des Mauerwerks an, das bei den Nachkriegsbauten von Pola unter dem Putz hervorschaut. Schwarz, Dunkelrot und Braun, vielleicht noch ein Pünkt-

Die mit sehr wenig Wasser angefeuchtete schwarzbraune Wasserfarbe wird mit einem harten Pinsel auf die Holzimitation getupft. Der Plastikglanz verschwindet damit weitgehend, das Holz wirkt durch kleine Farbnuancen natürlicher

Störend glänzende Polystyrol-Oberflächen werden mit dem Glasfaserradierer mattiert

chen Orange, mische ich in winzigen Mengen mit dem Pinsel und bemale einige zufällig verteilte Ziegel. Ist der Pinsel fast trocken, kommt eine neue Mischung dran. Das braucht Zeit, aber das Ergebnis ist eine Mauer, bei der nahezu jeder Ziegel eine andere Farbnuance zu haben scheint. Natürlich darf nicht übertrieben werden, einige farbliche Ausreißer sind aber erlaubt und lockern die Fläche auf.

Wasser- und Plakafarben

Die Fugen des Mauerwerks kann man mit stark verdünnter Farbe absetzen. Wenn Sie Lösungsmitteldämpfen entgehen möchten, empfiehlt sich schlichte Wasserfarbe aus dem Malkasten. Diese Farben gibt es im Schreibwarengeschäft auch einzeln. Sie sollten sich Schwarz, einige Erdfarben und Grautöne besorgen oder notfalls heimlich den Malkasten der Nachkommen konfiszieren.

Wenn die Kunststoffflächen der Bausätze mit Hilfe von fließendem Wasser und einem Tropfen Spülmittel von dem Trennmittel befreit sind, das sie beim Spritzen in der Form abbekommen, brauchen Sie nur noch einen harten Pinsel, um damit Schmutzschleier auf die Wände zu applizieren. Wasser kommt dabei nur in homöopathischen Dosen vor. Das heißt, daß die Wasserfarbe nur angefeuchtet wird und der Pinsel fast trocken sein muß, sonst bilden sich Tropfen anstelle von gleichmäßigen Flächen. Die Farbe haftet besser, wenn man dem Wasser einen Tropfen Spülmittel oder Netzmittel aus dem Fotolabor beigibt. Zuviel Wasser wird auf einer Zeitung oder einem Lappen abgestreift. Dann tupft man die Farbe senkrecht auf die Flächen auf. Natürlich verteilt sich die Farbe nicht so fein wie mit einer Spritzanlage. Aber der Effekt ist in vielen Fällen willkommen, wenn die Grundfarbe nicht abgedeckt werden soll, sondern nur ein paar Nuancen oder Schmutzspritzer aufgebracht werden sollen.

Arbeitet man mit viel Wasser, kann man eine schmutzige Brühe in die Fugen laufen lassen. Was auf dem Mauerwerk zuviel ist, wischt man mit einem weichen Lappen ab. Auch mißratene Farbtönungen und andere Katastrophen verschwinden unter dem Wasserhahn mit Leichtigkeit.

Für flächige Bemalungen eignen sich Plakafarben beinahe so gut wie Lackfarben, sofern man nur sehr wenig Wasser zugibt. Weil sie „von Glas aus" feucht sind, ist die Handhabung zum Anrühren von Schmutzfarben leichter als die von Wasserfarben. Allerdings ist die Farbintensität wesentlich höher, so daß man etwas vorsichtiger mit den Farbmengen umgehen muß als bei der einfachen Wasserfarbe.

Auf die noch feuchte erste Farbschicht aus Mattlack wird ein anderer Farbton aufgetragen. So entsteht eine uneinheitliche Oberfläche, die dem Sandsteinvorbild sehr nahe kommt. Stark verdünnte Wasserfarbe hebt anschließend die Fugen hervor und überzieht das Mauerwerk mit einer feinen Schmutzschicht

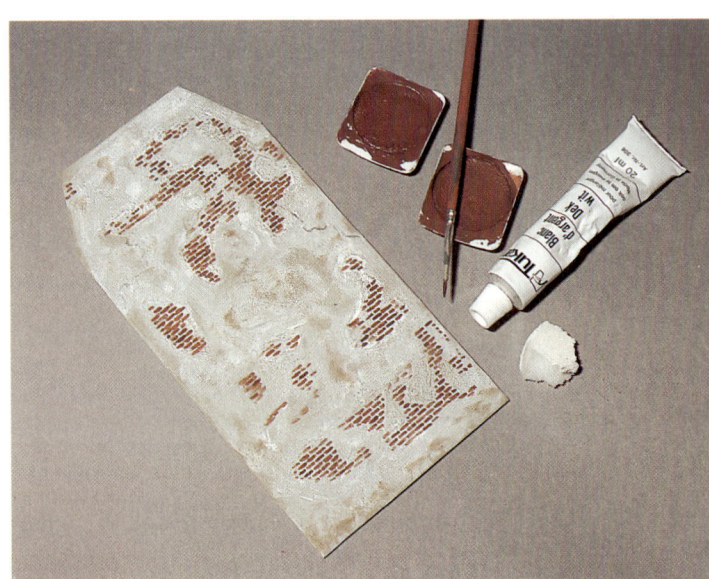

Verfallenes Mauerwerk wird in mehreren Arbeitsgängen behandelt. Hier die Wasserfarb-Methode: Weiß oder Grau für die Fugen mit einem angefeuchteten Schwamm auftragen; überschüssige Farbe mit Tuch abwischen; danach verschiedene Ziegelfarbtöne aus wenig angefeuchteter Wasserfarbe auf jeden einzelnen Ziegel aufbringen; Farbtöne ständig wechseln. Wenn Lackfarben für die Ziegel verwendet werden, können Fugen und Putzreste auch später mit Wasser- oder Plakafarben bemalt und bei Mißlingen geändert werden

Die Spuren der Jahre

Nah am Vorbild sind die farblich behandelten Wände der Pola-Autowerkstatt. Die Ziegel wurden in Rot-Nuancen einzeln bemalt. Wände und Ziegelfugen sind mit einem kleinen Schaumstoffblock, der in blaugrau abgetöntes Deckweiß und wenig Wasser getaucht wurde, abgewischt worden. Wer noch größeren Aufwand betreiben will, kann Wasserablaufspuren neben den Fensterbänken andeuten. Auch das Teerpappedach im Vordergrund erhielt ein paar Flickstellen aus dunkler Farbe und Roststellen. Das Ziegeldach könnte noch einige Farbschichten vertragen und sieht zu sauber aus

Links unten: Sorgfältige Alterung muß nicht gleich ins Auge springen. Trotzdem steckt in diesem Auhagen-Modell einige Arbeit: das Fundament aus Mauerwerk wurde durch mehrere Mattlackschichten in geringen Farbnuancierungen eine Sandsteinfärbung gegeben. Die Fugen entstanden durch verdünnte Schmutzfarbe. Die Ziegelsteinfugen wurden durch dünne weiße, graue und dunkle Wasserfarbe hervorgehoben. Die Dächer erscheinen durch einen sehr dünnen unregelmäßigen Auftrag von heller Wasserfarbe verwittert. Lampen, Fenster und Geländer wurden noch nicht bearbeitet

Nicht zu verachten ist eine Tube Deckweiß. Diese Paste ist, stark mit Wasser verdünnt und mit Grau und Braun abgetönt, ein idealer Überzug für sämtliche Flächen, die zu intensiv eingefärbt sind. Der Farbüberzug sorgt für vorbildgerecht ausgebleichte Farben.

Weil ich immer mal mit Farben experimentiere, kam ich auf stark verdünnte Beize, die ich einmal für einen Holzbausatz angerührt hatte. Der Ton dunkelgrau eignet sich für Mauern und Gehwegritzen, kostet fast nichts und hält ewig.

Auch wenn man Dächer nicht unbedingt patinieren muß, lohnt sich Feinarbeit an einzelnen Modellen. Helle Flecken an den Firstziegeln lassen auf frischen Mörtel oder Taubendreck schließen. Ein paar dunkle Tupfer aus schwarzer und rotbrauner Wasserfarbe und ein heller Überzug deuten Verwitterung an. Der Sockel des Kamins links wurde betonfarbig bemalt, könnte aber auch mit Zinkblech verkleidet sein

Nicht unbedingt erforderlich: Spritzanlage

Von Farbsprühdosen rate ich nicht nur wegen der meist noch umweltschädlichen Treibgase und wegen der hohen Preise ab. Auch die teuersten Dosen erzeugen keinen zuverlässigen und gleichmäßigen Farbnebel. Wenn Sie die Ausgabe für einen Klein-Kompressor nicht scheuen (200 bis 400 DM), ist der Einstieg in die Spritztechnik durchaus empfehlenswert. In erster Linie dann, wenn Sie auch Kleinserienmodelle und Lokomotivbausätze montieren. Ein professionelles Finish erreichen Sie dort nur mit einer Spritzpistole bzw. einer Airbrush. Für die Arbeit mit einer Spritzanlage braucht man einige Vorkenntnisse, die man sich am besten aus der Fachliteratur holt.

Beim Umlackieren von feingliedrigen Teilen wie Fensterrahmen und Zäunen spart die Spritztechnik Zeit und verkleistert durch den hauchdünnen Farbauftrag die Details nicht. Für die Alterung von Gebäuden ist eine Spritzanlage dagegen nicht notwendig. Und die Zeit, die man für das Reinigen der nur wenige Sekunden benützten Farbgläser verschwenden muß, verwendet man sinnvoller für die Arbeit mit dem Pinsel, die ungleichmäßigere und damit in der Regel realistischere Ergebnisse bringt.

Altern, aber dezent

Das Altern oder Verwittern von Gebäudemodellen scheint Temperamentsache zu sein. Nur so ist zu erklären, daß sich manche Anlagen und Dioramen ähnlich dem Endzustand der DDR vor der Wende präsentieren: mit einheitlichem Weiß- oder Graubraunschleier und – mangels Geld und Pflege – seit Jahrzehnten dem Verfall preisgegeben. Doch sowenig es in Ostdeutschland aus-

Die Spuren der Jahre

schließlich ungepflegte Gebäude gab, sowenig bestehen die westdeutschen, österreichischen und schweizerischen Städte und Dörfer nur aus farbenprächtigen und gepflegten Bauten.

Altern heißt also nicht, alle Gebäude mit einem einheitlichen Schmutzschleier zu überziehen. Wenn Sie ein Dorf in der Nähe eines Zementwerks darstellen, sind hellgrau überzogene Dächer durchaus realistisch. Aber wenn Sie sich Ihre Umgebung ansehen – und das ist für die realitätsnahe Verwitterung der Modelle unerläßlich –, werden Sie feststellen, daß Schmuddelfarben selten sind. Stumpfe, matte Farben herrschen vor.

Es genügt oft schon, den Modellen ihren Kunststoffglanz zu nehmen und zu helle und intensive Farben abzuschwächen. Das funktioniert mit sehr stark verdünnten Farben oder gegebenenfalls mit einem Neuanstrich in einer Mischfarbe. Wer die pieksenden Glasfasern nicht scheut, die bei der Arbeit abbrechen, verpaßt den Polystyrolflächen mit dem Glasfaserradierer aus dem Autozubehörhandel eine Abreibung, die zu stumpfen und realistisch weißlichen Flächen führt. Auch mit Verdünnung, die freilich die Kunststoffflächen nicht anlösen darf, kann sich dieser Effekt einstellen.

Gelegentlich empfohlene Lasurfarben, die Strukturen von Holz, Dachflächen und Mauerwerk hervorheben, lehne ich ab, weil sie die maßstäblich ohnehin übertriebenen Gravierungen von Balken, Dachziegeln und Mauern noch deutlicher sichtbar und damit völlig unrealistisch machen.

Viele Pola-Bausätze sind ab Werk schon mit einer dunklen Brühe eingefärbt, so daß sich die Nachbehandlung fast erübrigt. Der störende Plastikglanz ist jedenfalls weg und damit der erste Schritt zu einem vorbildgerechtem Modell getan.

Diese „abstumpfende" Grundbehandlung der Wände, zum Beispiel bei einem einfachen Siedlungshaus oder einem Neubau, reicht häufig

Spritzanlagen lohnen sich in erster Linie, wenn fein strukturierte Teile vor dem Abtrennen vom Spritzling umlackiert oder hauchfeine Farbschichten aufgetragen werden sollen. Kosten, Qualität und Umweltschutz sprechen gegen die hier noch verwendete Treibgasdose

aus. Wenn das Dach nicht zu sehr glänzt und nicht gerade knallrot leuchtet, können Sie dieses Gebäude ohne weiteres auf die Anlage stellen. Der Staub, der sich auf dem Dach sammeln wird, sorgt ohne Ihr Zutun für eine natürliche Patina.

Planung und Sorgfalt sind dagegen notwendig, wenn ein gemauerter Sockel, andersfarbige Gesimse und Fachwerk ein Gebäude zieren. Dann müssen Sie anhand der Bauanleitung herausfinden, wie diese Teile später am Modell befestigt sein werden und sie möglichst noch am Spritzling lackieren. Sonst ist die Gefahr zu groß, daß man beim freihändigen Bemalen zittert oder die Farbe auf benachbarte Teile weiterkriecht und nicht mehr zu entfernen ist. Nur Details und die Abbruchstellen sollte man am fertigen Modell nachlackieren.

Schwieriger wird's bei neueren Bausätzen von Kibri, bei denen Fachwerk und Gefache zweifarbig, aber am Stück gespritzt sind. Hier betupfen Sie mit einem schmalen rechteckigen, harten, fast trockenen Pinsel das Fachwerk mit schwarzbrauner Wasserfarbe, um der einfarbigen Holzimitation ein wenig Struktur zu geben. Was daneben geht, wischen Sie vorsichtig mit einem Papiertuch ab oder gehen später mit dem Glasradierer dran.

Mauerwerk ist immer matt und benötigt im Modell zumindest eine matte Farbschicht. Gut wirkt es, wenn man in die noch nicht trockene Farbe eine zweite gibt oder nach dem Trocknen eine dünne Schmutzfarbschicht, eventuell eine pulverisierte Trockenfarbe, aufträgt.

Farbliche Ergänzungen und Änderungen

Fensterrahmen müssen nicht immer weiß sein. Wenn Sie sie zum Beispiel braun oder alternativlila streichen wollen, sollten Sie das unbedingt vor dem Einbau tun und die Farbe gut durchtrocknen lassen. Farbfreie Kleberänder verhindern, daß später der Klebstoff die Farbe anlöst und ungewollt die Wände einfärbt.

Zu den Vorarbeiten gehört auch die Lackierung von Dachrinnen, Fallrohren, Fensterläden und Türen, wenn sie Ihren Vorstellungen nicht entsprechen. Das gilt vor allem dann, wenn der Bausatz nur aus wenigen Farben besteht und die weiße oder braune Tür viel besser grau, hellblau oder rot gestrichen wirken würde. Achten Sie auch auf winzige Details wie Türklinken und -knöpfe, die durch einen Pinselstrich in Silber oder Messing hervorgehoben werden.

Kleine Verbesserungen am Kibri-Jugendstilhaus: die erhabenen Girlanden und Ornamente wurden vorsichtig mit brauner Farbe betont. Zu bunt sollten aber auch Jugendstilgebäude nicht dekoriert werden. Farbliche Akzente wurden beim Vorbild zur Jahrhundertwende meist nur mit grauer Farbe auf die weiße Grundfarbe gesetzt

Auch Fachwerkhäuser werden mit ein paar vorsichtigen Pinselstrichen bunter. Balkenköpfe und Rundsegmente wurden vorbildähnlich dekoriert

Der fertige Bausatz kann vielleicht noch eine hauchdünne Staubschicht auf Gesimsen, Vordächern und Ziermauern vertragen. Zuviel Farbe wirkt selten glaubhaft. Ein Hauch Hellgrau und vielleicht Grün an bemoosten Stellen verändert das Erscheinungsbild der Dächer positiv.

Nicht zu vergessen ist die Feinarbeit an den Details. Da sind noch Fenstersimse einzufärben, Wasserablaufspuren nachzubilden, Schmutzspuren am Kamin aufzubringen usw. Auch Kleinigkeiten wie die Blechabdeckungen rund um die Kamine und Antennenfüße, verzinkte Entlüftungsrohre, Isolatoren, Dachfensterrahmen und Ziergitter brauchen einen vorbildgerechten Anstrich. Weil dieser meist zu neu und unecht wirkt, tritt danach der Pinsel mit Verwitterungs- und Rostfarben in Aktion.

Zusammenfassung

Hüten Sie sich, außer bei verfallenen Gebäuden, vor einem übertriebenen Verwitterungsanstrich! Besser ist es, nur die Grundfarbe des Modells abzuschwächen und an Details gezielt Farbakzente zu setzen. Nehmen Sie das Vorbild zum Vorbild. Es ist weniger verwittert als Sie glauben.

5
Variationen und Ergänzungen

Wenn längere Straßenzüge, Siedlungen oder Fabrikanlagen geplant sind, kommen häufig einige Bausätze mehrfach ins Spiel. Wie Sie mit erstaunlich geringem Aufwand und durch kleine Änderungen neue Varianten erhalten, erfahren Sie im folgenden Kapitel.

Aus stilistischen Gründen oder mangels geeigneter Gebäude ist es manchmal unumgänglich, einen Bausatz mehrfach zu verwenden. Vielleicht finden Sie auch ein Modell so attraktiv, daß Sie gleich mehrere auf Ihre Anlage stellen wollen. Das kann durchaus vorbildgerecht sein und eröffnet Ihrer Fantasie Tür und Tor. Denn wer wird schon gern mehrere Bausätze sklavisch nach der Bauanleitung des Herstellers zusammenkleben? Ändern und ergänzen ist hierbei die Devise.

Etwas aufwendig, aber sehr wirkungsvoll ist die farbliche Abwandlung des Bausatzes. Häufig finden sich auch einige Variationsmöglichkeiten durch das Weglassen, Hinzufügen und Austauschen von Teilen. Was machbar ist, hängt von der Konstruktion der Bausätze ab, so daß ich hier nur allgemeine Hinweise geben kann. Sie basieren auf der Erfahrung mit vielen Pola- und Faller-Bausätzen beim Bau der Straßenzüge „rue de la gare" und „Römerstraße" (s. a. eisenbahn magazin 9/90 und 5/91).

Modulare Bausätze erleichtern Variationen

Für das Abwandeln von Industriebausätzen erweist sich als Vorteil, was an den Bausätzen sonst gelegentlich nervt: viele sind modular aufgebaut. Durch die Kombination vorhandener Bausatzelemente mit einigen neuen Teilen kann der Hersteller mit geringeren Entwicklungskosten neue Variationen eines Gebäudetyps auf den Markt bringen und zusätzliche Kaufanreize schaffen. Das hat nichts mit Absahnen zu tun, sondern ist schlichte ökonomische Notwendigkeit, um einerseits vernünftige Bausatzpreise und andererseits ausreichende Stückzahlen mit den teuren Formen zu erzielen. Denn heute erreichen viele Modelle nicht mehr die traumhaften Auflagen der Bausätze aus früheren Jahrzehnten.

Mehrere Gebäudeserien von Pola sind modular konstruiert. Die Jugendstilhäuser 182, 183 und 191 im Maßstab H0 basieren auf einem Gebäudetyp, der nur farblich und in der Ausstattung (Schaufenster, Erker) verändert wurde. Durch das Kombinieren der Bausätze sind sehr leicht einige Varianten herzustellen. Läßt man Erker und Hinterhofanbauten weg, entstehen ganz neue Gebäude. Die übrigen Teile können bei anderen Bausätzen Verwendung finden.

Einige Abwandlungen erlauben die Häuser 178, 179, 188 und 195. Durch den Austausch des Erdgeschosses erhält das Jugendstilhaus 178 (nicht mehr lieferbar) den Friseurladen aus Nr. 188, sofern die Denkmalschützer keine Einwände erheben. Natürlich lassen sich auch die Erdgeschosse des Bistro (179) mit dem Elektrogeschäft (195) kombinieren.

Unzählige Variationen erschließen Metzgerei, Spielwarenladen, Kino und Kanzlei (Modelle 110, 163, 167, 168 und 190). Die Läden müssen nicht unbedingt im heruntergekommenen 50er-Jahre-Look gebaut werden, sondern können die unversehrten Fassaden aus den Obergeschossen von

Variationen und Ergänzungen 39

Variationen ab Werk bietet dieser Bausatz, der vier- bis sechsgeschossig errichtet werden kann. Rechts oben sind die dafür notwendigen Abbruchkanten der Giebelwände zu erkennen. Wird die volle Gebäudehöhe nicht ausgenutzt, reichen die Reste – auch Erdgeschosse bleiben übrig – für weitere Modelle aus. Nur die Dächer müssen selbst angefertigt werden

190 oder 163 erhalten. Generell spielt es keine Rolle, welches Dach Sie bei welchem Modell verwenden. So kommt Abwechslung in die Dachlandschaft.

Weitere Tauschteile finden Sie bei 177 und 184, bei denen Sie mühelos beliebig viele Stockwerke aufeinanderbauen können. Und wenn Sie sich den Pola-Katalog genau anschauen, werden Sie entdecken, daß auch die Autowerkstatt 165, das Klempnerhaus 164 und das Stadthaus in Reno-

vierung 154 gemeinsame Wurzeln haben. Gleiches gilt für 181, 186, 187 und 189 sowie 158 und 176.

Auch N-Bahner finden bei Pola, wenn auch in kleinerem Umfang, austauschbare Stockwerke und Fassaden.

Bei Faller verbreitet der Aufbau des französisch anmutenden Stadthauses (1121) auch bei drei Varianten noch keine Langeweile. Die Staufen-

Variationen und Ergänzungen 41

Hinterhofidyll mit Varianten: auf diesem Teilstück der Anlage Römerstraße wurden nahezu alle Abweichungen verwirklicht, welche die Pola-Bausätze ohne großen Aufwand zuließen.
Dächer: Die Mansardendächer wurden nach eigenen Vorstellungen mit modifizierten Kaminen und einer Leiter bestückt; die Dachgauben und Dachfenster sitzen an anderer Stelle als im Bauplan vorgesehen oder wurden weggelassen; die unschöne Lücke zwischen den Dächern des Eckhauses wurde mit einem Papierstreifen abgedeckt, der ein entsprechendes Blech imitiert.
Fenster: Einige Fenster wurden geöffnet eingebaut, eine Fensteröffnung zugemauert; das helle Haus erhielt soeben neue Fenster im zweiten Stock; die Reste der alten Fenster stehen zum Abtransport bereit; beim Haus rechts sind einige Vorhänge halb vor die offenen Fenster gezogen; ein Mann schaut zum Fenster heraus.
Wände: Ein Teil der Fassaden wurde aufwendig gealtert.
Anbauten: Die Hinterhofanbauten des Backsteinbaus wurden farblich ergänzt; ein Teil des Dachs bei den Wäscherinnen wurde entfernt; der Anbau eines zweiten Bausatzes steht nun am Rand des Grundstücks, das durch eine Mauer begrenzt wird.
Figuren und ein Möbelwagen (s. a. Kapitel „Stand-Fotos", S. 74 ff.) bringen Leben in die Szenerie: Frauen hängen Wäsche auf, ein Balkon wird gefegt, der Möbelwagen steht mit offener Tür bereit und hat bei der Fahrt über den weichen Boden Spuren hinterlassen. Seine Räder sind verschmutzt

Variationen und Ergänzungen

Manchmal ergeben sich Varianten durch Probieren: der Baukörper der Faller-Apotheke rechts wäre, nach der Bauanleitung montiert, weitgehend mit dem des Gasthauses identisch. Trennt man das Vordach des Treppenhausanbaus auf der Rückseite vom Hauptgebäudedach ab, läßt sich der Bausatz auch seitenverkehrt verwenden

Serie (411–417) basiert auf nur drei Grundtypen, die unterschiedlich bedruckt und eingefärbt wurden. Was da machbar ist, bietet der Hersteller schon ab Werk durch unterschiedliche Modelle an, so daß der Modellbauer höchstens noch Fenster oder Dachgauben austauschen kann. Die Gebäude können jedoch ohne größeren Aufwand spiegelbildlich zusammengebaut werden. Das Foto oben zeigt ein Beispiel.

Modulare Konzepte findet man auch bei den neueren Einfamilienhäusern von Faller (214 bis 216) und anderen Stadt- und Siedlungshäusern, die aufzufinden keine besondere detektivische Begabung voraussetzt.

Bei Kibri ist die Kombinationslust nicht so ausgeprägt. Dagegen wird man bei Vollmer schneller fündig. Bausatzgeschwister erkennt man bei allen Herstellern recht leicht an identischen Fenstereinteilungen. Oft sitzt nur ein anderes Dach auf den selben Wänden oder andere Beschriftungen und Farbgebungen täuschen über den identischen Aufbau des Modells hinweg.

Wenn es uns der Bausatzhersteller durch einen modularen Aufbau leicht gemacht hat, ist der Austausch von Türen, Fenstern, Wänden und Dächern kein Problem. Mit einem Stahllineal und dem Bastelmesser kann auch mal ein Stockwerk entfernt werden, um woanders Verwendung zu finden.

Variationen und Ergänzungen 43

Modernisierte Fenster sind leicht herzustellen und bringen schnell etwas Abwechslung in die Häuserzeilen. Die Fensterkreuze werden mit dem Messer sorgfältig herausgetrennt und die Rahmen glattgefeilt. Die Fenster ohne Vorhänge deuten darauf hin, daß die Bewohner mit dem Umzug beschäftigt sind

Mehrere dieser Reihenhäuser aus der Zeit vor dem ersten Weltkrieg, die nur kleine Grundrisse haben, können vorbildgerecht zu längeren Gebäuden verbunden werden. Ganze Straßenzüge und Siedlungen lassen sich damit schaffen
Foto: Faller

Modernisierung

Auch wenn sogenannte Modernisierungen beim Vorbild häufig die Proportionen alter Gebäude zerstört haben, sind sie doch traurige Realität, die ins Modell umgesetzt werden kann. Sprossenfenster sind meist die ersten Opfer der Modernisierungswut. Großflächige Fenster, die wie tote Augen aussehen, sind fast zwangsläufig die Folge. Beim Modell sind Fensterkreuze schnell mit dem Bastelmesser herausgeschnitten. Fensterläden können weggelassen oder durch Jalousien ersetzt werden. Den Effekt eines bewohnten Hauses erzielen Sie schon durch ein paar angelehnte oder defekte Fensterläden oder eine halboffene Tür. Schwieriger wird es mit offenen Fenstern, sofern Sie nicht die dafür vorbereiteten Pola-Bausätze verwenden, die leider eine Heidenarbeit beim Einbau der Fenster machen. Da man durch offene Fenster in das hohle Gebäude schauen kann, sind eine ganze Reihe von zusätzlichen Arbeiten notwendig. Durch eine Person, die zum Fenster herausschaut, lenkt man vom Hintergrund ab, der zumindest durch einen dunklen Karton dargestellt werden sollte. Ist das Haus beleuchtet, muß auch über eine Inneneinrichtung und eine sinnvolle Lichtführung von oben nachgedacht werden.

Wirklichkeitsgetreu sind kleine Veränderungen wie zugemauerte Fenster und Türen, mit oder ohne Putz. Bei nicht genutzten Wohnhäusern oder alten Fabrikgebäuden wirken gelegentlich zersplitterte Scheiben gut, die man durch ein paar Schnitte mit dem Bastelmesser simulieren kann.

Unzählige Anregungen für die Gestaltung kleiner Ortschaften bietet diese Aufnahme von Monreal. Nur die Bewohner scheinen sich an dem heißen Sommertag verkrochen zu haben – nichts rührt sich auf den Straßen. Das enge Flußtal ist dicht besiedelt. Die schmalen Straßen verlaufen selten gerade. Fachwerkhäuser, Bauten der fünfziger Jahre und modernisierte Wohngebäude wechseln sich ab. Auch die bunt durcheinandergewürfelten Dächer aus Schiefer und vereinzelt Ziegeln unterscheiden sich in Form und Neigung   Foto: Joachim Seyferth

Variationen und Ergänzungen

Das Pola-Eckhaus ist nicht rechtwinklig, sondern läßt sich in verschiedenen spitzen Winkeln bauen. Damit entstehen interessantere Straßenanordnungen als mit den langweiligen rechten Winkeln der Eckgebäude-Bausätze

Langweilige Reißbrettstädte vermeiden

An einzelnen Gebäuden sollten Sie eine größere Veränderung vornehmen, um der Stadtlandschaft ein realistisches Aussehen zu geben.

Denn Luftbilder zeigen deutlich, daß die Grundrisse nicht aller Gebäude rechteckig sind. Topographische und historische Gegebenheiten sorgten außerdem für Straßen, die selten schnurgerade verlaufen. Sieht man von den praktischen Pola-Eckgebäuden ab, ist man auf den Selbstbau entsprechender Häuser angewiesen. Das ist nicht ganz einfach, sorgt aber für eine interessante und realistische Optik. Eine rechtwinklig konstruierte Reißbrettstadt wirkt dagegen nicht echt.

Bevor Sie die wertvollen Bausatzwände mit einer feinen Säge oder dem Messer bearbeiten, sollten Sie anhand von Pappwänden probieren, ob Ihre geometrischen Berechnungen stimmen. Oft muß die Dachkonstruktion verändert werden, was bei mittelmäßigen Geometriekenntnissen wenig Freude bereitet. Auch in diesem Fall geht Probieren mit Pappe über Studieren und aufwendige Winkelberechnungen.

Zusammenfassung

Wenn Sie mehrere Bausätze eines Typs verwenden wollen oder müssen, können Sie sehr leicht durch farbliche Unterschiede, Teiletausch und Modernisierungen neue Varianten schaffen. Versuchen Sie großflächige rechtwinklige Gestaltungsmuster wenn möglich zu vermeiden und modifizieren Sie den Grundriß einzelner Gebäude trapezförmig.

6
Supern: Mehr Details

Bei Gebäudebausätzen läßt die Detaillierung nur noch selten zu wünschen übrig: von der Grundplatte bis zur Dachrinne und gelegentlich bis zur Fernsehantenne ist alles vorhanden, was ein Haus ausmacht. Wenn Sie damit zufrieden sind, brauchen Sie keine Minderwertigkeitskomplexe zu bekommen und können dieses Kapitel getrost überblättern. Ansonsten finden Sie hier Anregungen, wie Sie Ihre Gebäude verfeinern und ergänzen können.

„Supern" ist ein Ausdruck, der von detailbesessenen Modellbahnern stammt. Sie ergänzen vereinfachte Lokomotiv- und Wagenmodelle durch Zurüsteile, um dem Vorbild auch im Detail möglichst nahezukommen. Nachdem die Industrie immer feinere Modelle auf den Markt gebracht hat, scheint das Thema etwas an Bedeutung verloren zu haben. Auch neue Gebäudemodelle geben selten Grund zur Klage. Trotzdem gewinnen nicht nur die einfachen Juniormodelle durch Verfeinerungen.

Vielleicht ist Ihnen beim Dioramenbau aufgefallen, daß auch hochwertige Modelle nicht überzeugen, weil sie im Detail etwas zu einfach oder zu statisch geraten sind. Und spätestens bei den Schaufenstern werden Sie schon geflucht haben. Was uns die meisten Bausatzhersteller da anbieten, ist häufig ziemlich schlicht. Aber wen wundert's: offensichtlich wehrt sich niemand gegen die gemalten Dekorationen auf Grundschulniveau.

Schaufenster und Beschriftungen selbstgemacht

Beschriftungen werden von den Bausatzherstellern häufig vergessen oder in zweifelhafter Qualität mitgeliefert. Ich ärgere mich oft über die viel zu dünnen und häufig verdruckten Zweifarb-Papiermasken, in die man rasch ein paar Schriftzüge gemalt hat, so als seien präziser Offsetdruck und Fotosatz noch nicht erfunden. Fantasielos und fast immer viel zu groß sind Schaufensterdekorationen. Von Vierfarbdruck und Vorbildnähe kann selten eine Rede sein. Selbst Faller hält die vorbildliche Qualität der Schaufensterfotos des Stadthauses (Artikel 1121) nicht bei allen neuen Modellen durch und präsentiert uns im Schaufenster des Stauffener Weinhauses (413) Weinflaschen mit umgerechnet 30 cm Durchmesser.

Dabei wäre es so einfach, die Dekorationen der Vorbild-Häuser zu fotografieren oder passende Schaufenster zu suchen. Und nachdem Kataloge und Prospekte mit größter Sorgfalt gedruckt werden, dürfte auch bei den Papiermasken ein sauberer Druck mit feinen Rastern nicht zuviel verlangt sein.

Wenn Sie bei der Schaufenstergestaltung kreativ werden und selbst auf die Suche nach Vorlagen für Ihre Modelle gehen wollen, sollten Sie einen Polarisationsfilter mitnehmen, um die Spiegelungen der Scheiben etwas zu mildern oder aufzuheben. Sehr viel weniger Probleme gibt es abends und nachts, wenn kaum noch Fußgänger und Reflexionen die Aufnahmen stören. Wenn Sie keine zuverlässige Belichtungsmessung in Ihrer Kamera haben, machen Sie lieber ein paar Aufnahmen mehr, in Abständen von zwei Blenden. Die modernen Farbnegativfilme haben relativ große Belichtungstoleranzen. Im Zweifelsfall sollten Sie ein Stativ dabei haben, um für längere Belichtungszeiten vorbereitet zu

Schaufenster wirken besser, wenn sie dreidimensional gestaltet sind. Bemalte Möbel von Pola füllen das Schaufenster des Antiquitätenladens im Kibri-Haus. Die französische Beschriftung wurde mit Aufreibebuchstaben angefertigt

Auch gut gedruckte Fotos von Vorbildschaufenstern wie bei diesem Faller-Bausatz können überzeugen, werden jedoch nur selten angeboten. Kleine Ergänzungen wie Hausnummer und aus Messingdraht gebogene Türklinken verbessern die Wirkung der Ladenfront. Das Paar scheint über die Preise der Maßkleidung zu diskutieren

Die Inneneinrichtung der Metzgerei ist im Bausatz enthalten und wurde noch am Spritzling aufwendig bemalt. Zwei kleine „Porzellan"-Schweinchen von Merten verzieren die Schaufenster. Stäbe und Klinken der Türen wurden messingfarben lackiert. An den Fenstern ist Leben: eine Frau schaut heraus, eine andere putzt das Fenster, woanders ist Wäsche zum Trocknen aufgehängt. Die Beschriftung wurde im Fotosatz in epochegerechter Schrift angefertigt. Sie könnte noch etwas Alterung vertragen, um zur heruntergekommenen Fassade zu passen. Diese ist sorgfältig bearbeitet worden: die Einschußlöcher wurden mit Beton (Kunststoffspachtelmasse) gefüllt, alle Ziegel einzeln bemalt. Links wurde ein Anstrichversuch in Orange abgebrochen. Das Erdgeschoß trägt Schmutzspuren

sein. Zu starke Farbstiche nach Orange bei Glühlampenlicht gleichen Sie mit einem Blaufilter aus. Vielleicht finden Sie ein Profilabor, das (leider teuere) Kontaktabzüge herstellt, die bei Kleinbildfilm in der Größe häufig ausreichen werden. In anderen Fällen hilft nur Probieren, um den richtig passenden Abbildungsmaßstab zu finden.

Eine andere Möglichkeit ist die dreidimensionale Gestaltung der Schaufenster. Dann können Figuren als Schaufensterpuppen dienen und der Laden ganz nach Wunsch eingerichtet werden. Dagegen spricht, daß die kleinen Grundflächen der Gebäude dafür meist nicht ausreichen.

Bei diesem Aufwand für die Nachbesserung wünscht man sich passende Angebote von der

Im Kino der fünfziger Jahre läuft „Sissi" – Außenwerbung, die Pola epochegerecht mitliefert und die durch blinkende Lichterketten erweitert werden kann. Mit einer Trafostation ergänzt hat der Erbauer des Wiking-Dioramas das Kino auf dem Dach, weil die Lichtbogenlampen der Projektoren reichlich Strom brauchen. Ein Elektriker hat gerade eine Störung behoben. Auf der Reklametafel turnen Kinder herum verschwinden allmählich und werden durch Großplakate ersetzt. Pola liefert bei seinen 50er-Jahre-Häusern Drucke oder Abziehbilder mit, die Motive von der weißen Persil-Frau bis zu längst verschwundenen Automarken wie Borgward und Goggomobil enthalten. Weitere Plakate, nach Epochen geordnet, gibt es bei MO-Miniatur. Busch hat ein Werbeplakat-Set samt Litfaßsäule im Angebot.

Waschtag in der Römerstraße. Solche kleinen Szenen setzen Akzente und unterstützen die Illusion, daß die Modellhäuser bewohnt sind

Zubehörindustrie. Was die Bausatzhersteller serienmäßig zur Schaufenstergestaltung anbieten, reicht in der Regel nicht aus, weil mehrere Alternativen fehlen und die grafische Qualität oft nicht befriedigt.

Wenn man niemand kennt, der sauberen Fotosatz oder scharfe Laserdrucke produzieren kann, läßt sich auf das Angebot der Zubehörersteller zurückgreifen. Busch liefert Ladenbeschriftungen, Hausnummern und Plakate bis hin zu Straßennamen. Faller bietet Straßenschilder an, und filigrane Wegweiser im Stil der dreißiger Jahre finden Sie u. a. bei Brawa.

Außenwerbung

Werbung bestimmt nicht erst seit dem Kommunikationszeitalter das Straßenbild. Leider sind die nostalgischen Ladenbeschriftungen aus der Vorkriegszeit nur noch in Ostdeutschland gelegentlich zu sehen. Einige dieser Art finden wir im Deko-Set „Um 1900" bei Preiser. Die früheren Giebelwandreklamen, die oft aufgemalt waren,

**Modellbauer mit Sinn für Details achten stets auf epochengerechte Kleidung. Deshalb sonnt sich die goldblonde Sonja von der Römerstraße (Epoche 3) im Bikini auf der knallroten Luftmatraze. Für Epoche 4 empfiehlt sich stilgerecht „oben ohne".
Postmoderne Epoche-5-Modellbauer sollten im Interesse eines realistischen Eindrucks keine Kompromisse eingehen und deshalb beherzt zur textilfreien Dame (allerdings mit Sonnenbrille) greifen. Zwingende Voraussetzungen für die dezente Colorierung der geschlechtsspezifischen Merkmale sind jedoch Sorgfalt, Erfahrung und sittliche Reife**

Leider läßt diese Dame ein Mindestmaß an Anstand und Schamgefühl sichtlich vermissen

Inneneinrichtungen sind sehr reizvoll. Sie erfüllen jedoch nur dann einen Zweck, wenn sie von außen gut zu sehen sind. Am besten kommen sie mit einer ausgeklügelten Beleuchtung zur Geltung

Ein Baugerüst und die teilweise neu gestrichene Fassade weisen auf Renovierungsarbeiten hin. Anstreicher und andere Handwerker müssen mangels eines praxisgerechten Angebots der Figurenhersteller aus passenden Miniaturmenschen zurechtgebogen werden

Blinkende Lichtreklamen, die verschiedene Hersteller anbieten, können auch tagsüber interessante Effekte erzeugen, sollten aber sparsam eingesetzt werden.

Miniaturmenschen und Haustiere

Übertreibung schadet zwar auch hier, aber wenn die Modellhäuser ganz unbewohnt zu sein scheinen, müssen Figuren von Preiser und Merten für Leben sorgen. Besonders leicht fällt das bei den Pola-Stadthäusern, bei denen sich die Fenster öffnen lassen: fensterputzende Frauen oder ein Rentner, der auf die Straße hinunterschaut, beleben im Nu die Szene. Auf den Flachdächern von Anbauten oder hinter dem Haus kann ein Waschtag dargestellt werden. Eine Werkstatt oder Fabrik ohne Modellmenschen wäre undenkbar. Und weil Tiere nicht nur zum Leben auf dem Bauernhof gehören, kann schon mal eine Taube auf dem Dach sitzen oder die Katze übers Blechdach schleichen.

Kleinkram rund ums Haus

Es sind die kleinen Dinge, die dem Gebäude den letzten Schliff geben. Je nach Betrachtungsabstand lohnt es sich, auch winzige Details anzubringen: eine Messingtürklinke aus feinem Draht, Fahnenhalter, Verzierungen, außenliegende Briefkästen, Lampen, Ziergitter und Blumenkästen vor den Fenstern und die Telefon- oder Elektroleitung. Wäsche, die vor dem Fenster aufgehängt ist, liefert Pola schon bei den Stadthäusern mit. Abgestellte Fahrräder, Mülleimer, angelehnte Besen und Schaufeln, Bauschutt und Brennholz vervollständigen epochegerecht das Umfeld. Weitere Anregungen und Ideen finden Sie leicht, wenn Sie Ihre Umgebung bewußt betrachten.

Inneneinrichtung

Über den Sinn von Inneneinrichtungen läßt sich streiten, weil man sie auch bei offenem Fenster kaum erkennen kann. Die Möbelsets von Pola und Kibri kommen noch am besten in Schaufenstern zur Geltung. Neue, großzügig verglaste

Ein Kleingartenidyll mit Betonsteinen als Anregung für eigene Kreationen. Wie wär's noch mit Bohnenstangen (Nadeln mit etwas feinem Schaumstoff und ggf. Silflor-Blättern), Kohlköpfen (aus gefärbten Knospen) und einem schönen Kirschbaum?
Foto: Busch

Hier hat sich jemand den Traum vom Eigenheim im Maßstab 1:87 erfüllt. Mit Naturmaterialien wie präparierten Gräsern, Blüten und Haselnußzweigen wurde der Garten liebevoll gestaltet   Diorama und Foto: Faller

Supern: Mehr Details

In der Autowerkstatt flackert die gleißende Schweißflamme. Ein optischer Gag, der Aktivität vortäuscht und zum Hingucken verleitet   Foto: Busch

Mehr als ein kleiner Unterschied: neben dem Messingätzteil von Brawa wirkt die Polystyrol-Antenne reichlich überdimensioniert. Zum Realismus trägt der „Taubendreck" aus weißer Plakafarbe bei. Strenggenommen müßte die Antenne in einem blechverkleideten Sockel stecken

Bürogebäude können eine Bestückung mit Büromöbeln vertragen. Entscheiden Sie selbst, ob sich der Aufwand lohnt. Bei den meist sehr in der Grundfläche reduzierten Modellhäusern muß bedacht werden, daß eine Inneneinrichtung diese Verkleinerung allzu sichtbar werden läßt.

Bei Werkstätten mit geöffneten großen Toren wird man um eine angedeutete Innenausstattung nicht herumkommen. Entsprechende Gegenstände und Werkzeuge erhalten Sie aus Weißmetall bei MO-Miniatur, Haberl + Partner und Brawa.

Schweißarbeiten in der Werkstatt täuscht ein weiterhin sichtbares Schweißlicht vor. Es wirkt auch im Freien sehr gut. Das unregelmäßig flackernde und gelegentlich verlöschende helle Licht bei Reparaturarbeiten im Bahnbetriebswerk, auf Baustellen und Schrottplätzen zieht automatisch alle Blicke auf sich.

Vom Feinsten: Ätzteile

Kunststoffmodelle werden aus Polystyrol hergestellt. Wie bei jedem Werkstoff gibt es Untergrenzen für die Materialstärke. Die feinsten Gebäu-

Eine winzige Messing-Sonnenuhr von Brawa verschönert die Fachwerkhaus-Fassade des Kibri-Modells

In vielen Städten Ostdeutschlands (hier Magdeburg) haben Reklameanschriften der Jahrhundertwende bis 1991 überdauert. Noch fast vollständig zu entziffern ist, was im Zigarrenladen von Otto Wolfram zu kaufen war: Specialität in Havana & Sumatra, Brasil & Borneo. Der bedauernswerte Verfall des Gebäudes gibt ein extremes Vorbild für das Altern der Modelle

deteile, zum Beispiel Fallrohre für das Regenwasser, haben etwa 0,8 mm Durchmesser. Das scheint die untere Grenze in der Spritztechnik zu sein. Rechnet man dieses Maß 87:1 zurück, sind das knapp sieben Zentimeter in der Natur, in N (1:160) fast 13 cm, die minimal darstellbar sind. Für ein H0-Fallrohr ist das eigentlich ein zu geringer Durchmesser, für den N-Maßstab aber schon zuviel. Auch H0-Zäune und Geländer, die meist schon länger auf dem Markt sind und etwas massiver gefertigt wurden, wirken im Modell nicht filigran genug.

Abhilfe schaffen die feinen Messingätzteile von Brawa, Weinert, Haberl + Partner oder Gerard. Das Angebot reicht von Eisenzäunen über Fahrräder, Bänke und Wirtshausschilder bis zu Wetterhähnen, Antennen und verschiedenen Gittern. Wer technisches Zeichnen und die Ätztechnik beherrscht, kann sich passende Teile individuell anfertigen, die ungleich filigraner sind als Kunststoffspritzteile. Es ist eine Frage der Zeit und des Geldes, ob man Gebäude derart supern will. Optisch lohnt es sich zweifellos, macht aber im direkten Vergleich auch die vielen materialbedingten Kompromisse bei der Modellbahn deutlich.

Feuer und Rauch

In vielen scheint ein Pyromane zu stecken: Wenn das Finanzamt brennt, freut sich der Mensch. Bausätze brennender Häuser mit rotglühender Beleuchtung und Raucherzeuger werden in allen Maßstäben angeboten und bilden den richtigen Hintergrund für stattliche Feuerwehrwagen-Sammlungen im Einsatz.

Aber eigentlich ist der Rauch-Erzeuger für weniger zerstörerische Zwecke gedacht. Er zeigt nicht nur bei Werkstätten und Betrieben, daß der Schlot raucht, sondern weist auf die Kohleheizungen in den Wohnhäusern hin. Die sollten auch bei moderneren Ortschaften Altbauten sein. Ansonsten gehören Raucherzeuger nur in die Epochen 1 bis 3, als Öl-, Gas- und Fernheizungen noch nicht so verbreitet waren wie heute.

Zusammenfassung

Figuren, Beschriftungen, Schaufenstereinlagen, Inneneinrichtungen und Details wie Türgriffe, Lampen und Gitter vervollständigen nach Wunsch die Gebäudemodelle und heben sie von den Serienprodukten ab. Der Detaillierungsgrad richtet sich nach dem Betrachtungsabstand: gute Dioramen „leben" von liebevoll gestalteten Nebensächlichkeiten. Bei größeren Anlagen zählt mehr ein stimmiges Gesamtbild.

7
Licht im Hausflur

Nachtbetrieb mit beleuchteten Gebäuden ist reizvoll, wirft aber eine Reihe von Problemen auf, die frühzeitig und mit Bedacht gelöst werden wollen. Was Sie tun und beachten müssen, um konzeptionsbedingte Schwächen der Bausätze auszubügeln, erfahren Sie hier.

Leuchtende Wände

Leuchtende Wände sind bei vielen Gebäudemodellen ein Ärgernis, das die Freude an einem sauber montierten Bausatz trüben kann. Schuld sind die papierdünnen und nur einseitig schwarz bedruckten Masken einiger Hersteller oder schlecht passende Kunststoffteile. Ist das Dach – wie so oft – nicht perfekt konstruiert, dringt das Licht an den unmöglichsten Stellen durch die Ritzen.

Sie ersparen sich Enttäuschungen, wenn Sie auf Innenbeleuchtungen verzichten. Sollten Sie jedoch die Romantik einer beleuchteten Stadt oder eines Dorfes bei Nacht genießen wollen, wartet einige Arbeit auf Sie.

Leuchtende Wände und Ritzen sind nur durch Sorgfalt und Planung schon vor dem Zusammenbau der Häuser zu vermeiden. Spalte, vor allem an Häuserecken und Fugen, müssen mit Kunststoffspachtelmasse oder anderem Dichtungsmaterial abgedichtet werden. Zu dünne Masken werden durch Pappe, Alufolie oder einen schwarzen Anstrich lichtundurchlässig gemacht. Nur die Fenster, die später beleuchtet sein sollen, bleiben frei. Achten Sie bei Eckzimmern darauf, daß logischerweise die Fenster an beiden Fassaden dunkel oder hell sein müssen.

Die herkömmlichen Beleuchtungssockel sind eine unbefriedigende Lösung, weil sie meist nicht das ganze Gebäude gleichmäßig ausleuchten. Abhilfe schafft ein Beleuchtungsmast von Brawa, an dem die Birne hoch im Gebäude plaziert werden kann. Stehen Fenster offen und geben Einblick in das Gebäude, das dann im sichtbaren Bereich eine Inneneinrichtung haben muß, ist die Beleuchtung so anzupassen, daß sie vorbildgerecht erscheint: Mikrobirnen beleuchten das (fiktive) Zimmer von oben. Tüftler können versuchen, mit Lichtleitern die Stehlampen im Wohnzimmer zu beleuchten.

Effektvolle Schaufenster

Die übliche Beleuchtungstechnik, die meines Erachtens auf dem Stand der Puppenstuben stehengeblieben ist, zeigt ihre Grenzen besonders deutlich bei den Schaufenstern. Die meist simplen Schaufensterdekorationen wirken bei der Beleuchtung von hinten noch unrealistischer. Denken Sie deshalb schon während der Montage des Gebäudes an eine Beleuchtung, die das Schaufenster *von oben* beleuchtet. Die Schaufensterdekoration muß ein paar Millimeter von der Fensterscheibe weggerückt werden, damit sie vorbildgerecht von oben angestrahlt werden kann. Vor allem Brawa hat eine ganze Palette von geeigneten Leuchtröhren und Birnen im Angebot. Billige Sortimente von Kabelbirnchen, die man mit Hilfe von Widerständen für die Trafospannung trimmt, gibt es bei jedem Elektronikversand.

Kalkulieren Sie ein, daß herkömmliche Glühbirnen viel Hitze abgeben, die eine benachbarte Polystyrolwand gefährden kann oder womöglich die Papiermaske ankokelt. Indirekte Beleuchtungen über Alufolie-Flächen und Lichtleiterstäbe müssen diesen Nachteil beseitigen. Um Experimente werden Sie dabei nicht herumkommen.

Weniger Probleme hätten wir Modellbauer, wenn die Industrie nach kreativen Beleuchtungslösungen suchen würde. Ideal waren LED, also

Rechts: Was bei Tageslicht schlecht zu sehen ist und deshalb kaum zur Geltung kommt, beeindruckt bei Nacht um so mehr: zwei Glühbirnen beleuchten die komplett eingerichtete Pola-Metzgerei mit dem Hackklotz links und der Wursttheke rechts, die mit rosafarbenen Spritzlingresten bestückt wurde. Das eher fahle Licht bei der aus dem Fenster schauenden Frau verdeutlicht, wie schwierig das Gleichgewicht zwischen den einzelnen Beleuchtungskörpern herzustellen ist – die Innenbeleuchtung könnte noch kräftiger sein. Angemessen ist dagegen die Leuchtkraft der Viessmann-Laternen

Leuchtdioden, die mit der Minispannung von 2,4 Volt arbeiten und eine nahezu unbegrenzte Lebensdauer haben. Leider ist die weiße Leuchtdiode noch nicht erfunden. Da Glühlampenlicht, verglichen mit Tageslicht, orange ist, können gelbe Leuchtdioden womöglich eine Alternative zu Glühbirnen sein. Über einen Vorwiderstand von 1 kOhm sind sie direkt an den Trafo anschließbar.

Wie kommt der Strom ins Haus?

Mit dieser Frage ist nicht der bekannte Weg vom Kraftwerk zur Steckdose gemeint, doch unterscheidet sich die Modellwelt gar nicht so sehr vom Vorbild. Als Super-Modellbauer mit dem Hang zur Epoche 2 und 3 können Sie den Beleuchtungsstrom über einen Dachständer ins Modellhaus zu leiten. Das paßt gut zu einer ländlichen Gegend, wenn man sich das Leitungsgewirr über der Modell-Landschaft antun will. Eine andere Möglichkeit ist das bekannte Loch in der Grundplatte, durch die beide Anschlußkabel gezogen werden.

Doch während der Austausch von Glühbirnen im Maßstab 1:1 nicht die geringsten Schwierigkeiten macht, kann der Zugang zur Modellbeleuchtung zum Problem werden. Schließlich muß das Modell irgendwie an seinem Standplatz befestigt werden. Mangels besserer Lösungen greifen viele Modellbauer zum Klebstoff und nehmen in

Der Brawa-Lampenhalter ist in der Höhe verschiebbar und sorgt auch in den oberen Stockwerken für ausreichendes Licht

Licht im Hausflur 61

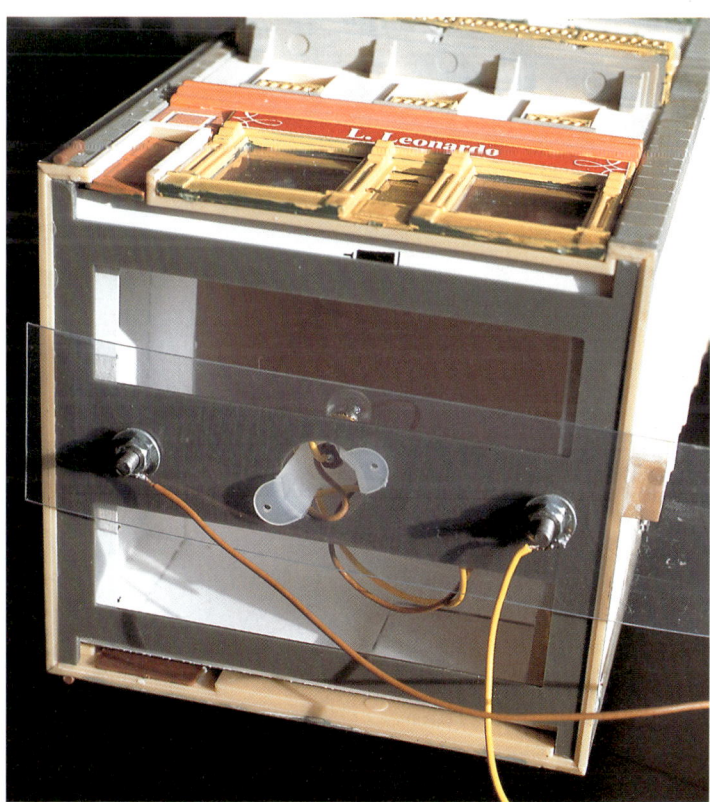

Prinzip einer Beleuchtung, die im Gebäude befestigt ist. Diese Methode eignet sich vor allem für kompliziertere Innenbeleuchtungen mit z. B. oberhalb von Schaufenstern angebrachten Röhren und Kleinstglühlampen zur Ausleuchtung von einzelnen Zimmern. Die Zuleitungen wurden an Schraubenköpfe gelötet. Die Schrauben ragen durch die Grundplatte des Gebäudes und die Standfläche, die hier als transparenter Streifen dargestellt ist. Von unten wird der Strom über Kabel zugeführt, die an Unterlegscheiben gelötet sind. Muttern halten das Gebäude fest und erlauben, es ohne Beschädigung abzunehmen

Zwei Planerinnen, Aktenordner und Zeichentische des städtischen Tiefbauamts werden abends durch die Innenbeleuchtung von oben ins rechte Licht gesetzt

Siedlungen der fünfziger und frühen sechziger Jahre erhielten Elektrizität noch nicht über das später übliche Erdkabel. Vom Umspannwerk (dem „Trafohäuschen") wurden meist 380 Volt über Freileitungen und Dachständer zum Wohnhaus gebracht

Kauf, daß das wertvolle Modell ein Stück der Landschaft mitnimmt, wenn es zum Birnentausch abgenommen werden muß.

Weil wohl auch die Bausatzhersteller nichts besseres kennen, als ihre Gebäude auf die Platte zu kleben, fehlt ein intelligentes Angebot der Industrie. Werden Sie deshalb selbst kreativ und suchen Sie nach besseren Lösungen für die Befestigung der Gebäudemodelle.

Eine erprobte, einfache Technik kann ich Ihnen anbieten. Fixieren Sie die Grundplatte Ihres Gebäudes auf einem entsprechend den Umrissen zugeschnittenen Stück Pappe und bohren Sie zwei bis vier Löcher von zwei oder drei Millimeter Durchmesser durch Kunststoff und Pappe. An passende Schrauben löten Sie die Kabelenden der Innenbeleuchtung, die Sie von unten zugänglich im Gebäude befestigt haben. Die Schrauben stecken Sie beim fertigen Gebäude durch die Grundplatte, so daß das Gewinde nach unten herausschaut. Etwas Klebstoff fixiert die Schrauben. Wenn der Standort klar ist, benutzen Sie die Pappschablone zum Bohren der Löcher auf dem Diorama oder der Modellbahnplatte. Eine Unterlegscheibe mit angelötetem Kabel leitet den Strom vom Trafo zu, eine aufgeschraubte Mutter hält das Gebäude fest. Sind Arbeiten am und im Gebäude erforderlich oder soll es den Standort wechseln, läßt es sich durch Lösen der Muttern ohne Beschädigung abnehmen.

Zusammenfassung

Wenn Sie Ihre Gebäude beleuchten wollen, müssen Sie schon vor dem Zusammenbauen planen, welche Fenster erleuchtet sein sollen. Plazieren Sie die Lampe möglichst hoch im Modell. Dichten Sie sorgfältig alle Ritzen ab und sehen Sie durch eine intelligente Befestigung des Hauses auf der Grundplatte vor, daß durchgebrannte Glühbirnen leicht ausgetauscht werden können.

8
Platz auf den Straßen

Bei Straßen und Plätzen wird im allgemeinen geknausert. Platz ist auf der Modellbahn eben knapp. Doch welche Straße wirkt realistisch, wenn nur zwei Personenwagen mit Mühe aneinander vorbeikommen? Über Straßen und Plätze, ihre Bedeutung und Ausschmückung berichtet das folgende Kapitel.

Straßen brauchen Platz

Den Straßen wird im allgemeinen selbst von guten Modellbauern zuwenig Bedeutung beigemessen. Deshalb sind diese Fahrbahnen, was ihre Breite betrifft, selten annähernd vorbildgerecht angelegt. Straßen brauchen reichlich Platz, der schon bei den ersten Ideen vom künftigen Diorama oder der Anlagenlandschaft eingeplant werden muß. Auch wenn Sie auf parkende Autos verzichten, brauchen Sie für eine schmale H0-Straße in der Innenstadt mindestens acht bis zehn Zentimeter Breite. Selbst die 10,6 cm breiten Faller-Fahrbahnen für das car system wirken nicht gerade großzügig, wenn sich Lastwagen darüber bewegen.

Der Platzbedarf für eine überzeugende Straße in der Stadt ist noch größer: Gehwege benötigen zusätzlich wenigstens 2 cm. Nur die Gassen einer mittelalterlichen Stadt und Dorfstraßen kann man schmaler anlegen.

Achten Sie auch auf die Straßenhierarchie: je wichtiger die Straße ist, um so breiter muß sie sein. Eine Durchgangsstraße weist durch die größere Breite auf ihre Funktion hin. In jedem Fall wäre es falsch, über die ganze Ortschaft ein einheitliches Straßennetz zu legen. Vom schmalsten Pfad, etwa einem Fußweg durch eingezäunte Gärten, über Zufahrten und Einbahnstraßen bis zu einer Hauptverkehrsstraße sollte man verschiedene Verkehrswege einplanen, die freilich nicht alle auf einmal realisiert werden müssen. Doch auch wenn der Platz nur für eine einzige Straße auf dem Diorama ausreicht, sollte ihre Bedeutung erkennbar ein.

Trotz aller Platzprobleme sollte man bei den Straßen zugunsten ihrer Wirkung immer recht großzügig sein. Originalgetreue Straßenbreiten wird man ohnehin nicht realisieren können – und wollen, denn dann würden die verkleinerten Grundrisse der Modellhäuschen doch zu sehr auffallen. Aufpassen sollten Sie bei Kurven, in denen Sie Fahrzeuge aufstellen wollen: hier müssen die Straßen breiter sein als bei geradem Verlauf. Zwei sich begegnende Lkw zeigen sehr deutlich, wieviel Platz die Straße bieten muß, damit beide um die Kurve kommen. Auch eine Innenstadtkreuzung, bei der die Fahrzeuge offensichtlich nur im Powerslide die Kurve bewältigen können, wird nicht überzeugen. Da allgemeine Regeln schwer aufzustellen sind, probieren Sie mit einigen Modellfahrzeugen einfach aus, wieviel Platz mindestens notwendig ist. Das können Sie mit einem (lenkbaren) Lkw-Modell schnell feststellen.

Ein Thema aus vielen Städten werden wir uns wohl schenken müssen: Alleen. Bäume, und seien sie noch so klein, verbreitern den Gehweg so sehr, daß eine enorme Fläche verbraucht wird. Sie sollten jedoch einmal überlegen, ob es nicht sinnvoller ist, eine großzügige Straße anstelle mehrerer zu kleiner Verkehrswege zu modellieren.

Breit genug ist diese Ausfallstraße durch die Neubau-Eigenheimsiedlung angelegt. Auch die handtuchgroßen Grundstücke mit den viel zu eng stehenden großen Häusern sind aus dem Leben gegriffen. Nicht ganz überzeugen können die Leitplanken. Besser wären hier Zäune oder Hecken

Plätze: Spielräume für Kreativität

Plätze gehören in jede Stadt und jedes Dorf und prägen den Charakter der Ortschaft. Manchmal wurden sie bewußt angelegt und beherbergen ein Denkmal, einen Kiosk, eine Umspannstation oder einen kleinen Park, vielleicht mit einem Brunnen. In anderen Fällen sind sie aus einer unglücklich gewachsenen Straßenführung entstanden und deshalb unregelmäßig geformt. Ein Stückchen wild wucherndes Gras mit einem Lampen- oder Telefonmast, ein gußeiserner Brunnen, das Wartehäuschen einer Bushaltestelle oder die Dorflinde mit einer runden Bank könnten Motive für einen Dorfplatz sein. Oder einfach ein gepflasterter Platz, auf dem der Wochenmarkt oder die Kirmes stattfindet, während der Verkehr umgeleitet wird.

Plätze sind ideale Gelegenheiten, einer Anlage oder einem Diorama einen individuellen Anstrich zu geben, denn hier können Sie Ihren Fantasien und Träumen freien Lauf lassen. Ob Sie eine romantische Dorflinde, ein Kriegerdenkmal oder einen Kreisverkehr mit der pflegeleichten Standardbepflanzung vorsehen, hängt von Ihrem Temperament und dem Stil der Ortschaft ab, die Sie nachempfinden. In jedem Fall brauchen Sie genügend Fläche, denn sonst wirkt auch der kleinste Platz nicht wie ein Platz. Er sorgt für die optische Trennung der anschließenden Gebäudezeilen und kann auch die Begründung dafür sein, daß die Altstadtbebauung endet und ein modernerer Baustil beginnt. Gleiches gilt für die

Platz auf den Straßen

Die Warnblinker sichern den Fußgängerüberweg auf der stark befahrenen Bundesstraße. Ein nettes Utensil von Busch, das auch bei stehenden Automodellen realistischer wirkt als funktionierende Ampeln an einer Kreuzung, auf der sich bei Grün nichts bewegt
Foto: Busch

Rechts: Die Pola-Dioramenbauer haben dieses Nach-Wende-Motiv, bei dem die SED-Parolen an der Bezirkszentrale entfernt werden, meisterhaft inszeniert. Beachtung verdient die richtig dimensionierte und verschmutzte Altstadtstraße, auf der sogar der Reifenabrieb der kurvenfahrenden Fahrzeuge sichtbar ist. Perfekter geht es nicht

Die schmale Straße des Bergdorfs ist durch Weihnachtsmarktbuden verstellt und läßt nur Fußgängern Platz. Wenn die topographischen Gegebenheiten ein gutes Argument dafür liefern, dürfen Straßen durchaus schmal sein. Selbstverständlich sollten nach dem Weihnachtsmarkt nur ein paar Autos der Anlieger auf der Dorfstraße verkehren. Wenn sich dagegen unbedingt einen Lastzug durch die enge Straße quälen soll, muß durch einen Stau oder einweisende Passanten verdeutlicht werden, daß es sich um eine Ausnahme handelt

Gerade die kleinen Details am Rande machen den Reiz guter Dioramen aus. Wenn der Platz reicht – auch bei dieser Berliner Szene von Woytnik könnte der Bürgersteig ein paar Zentimeter breiter sein – gehören epochegerechte Telefonzellen, Feuermelder, Reklametafeln, Lampenmasten und Briefkästen dazu

Straßenoberfläche: während einzelne Pflasterstraßen einmünden, sind die restlichen Straßen aus Beton gegossen oder mit Asphalt belegt.

Die Straßenoberfläche

Nahezu alle Arten von Straßenoberflächen kann man fertig kaufen. Kibri bietet für H0 sogar Polystyrolplatten mit eingelassenen Schienen für Straßenbahn-Standmodelle an. Nachteil aller Pflasterplatten ist allerdings, daß Kurven nicht vorgesehen sind. Zwar kann man Kopfsteinpflaster seitlich ein paar Zentimeter einschneiden und die Platte auseinanderziehen, wie ich es bei der „rue de la gare" gemacht habe. Das reicht aber nur für geringe Abweichungen von der Geraden. Schnurgerade Straßen wirken im übrigen selten überzeugend und am wenigsten, wenn sie parallel zum Anlagen- oder Dioramenrand verlaufen. Schon leicht gebogene Straßen oder geringe Winkel am Ende eines Häuserblocks machen eine Stadtlandschaft interessant. Das sollten Sie bei der Planung Ihrer Ortschaft nicht vergessen. Ein Blick auf Stadtpläne oder eine detaillierte Straßenkarte wird Ihre Fantasie beflügeln.

Bedruckte flexible Klebebänder, z. B. von Busch, schaffen im Gegensatz zu den Kunststoffplatten auch Kurven. Das Aussehen ist allerdings ebenso Geschmackssache wie der Preis. Dazu kommt nach meinen Erfahrungen, daß die Straßenbeläge, die man gerade braucht, beim Händler entweder nicht oder in nicht ausreichender Stückzahl vorrätig sind. Um vorgefertigte Pflasterplatten wird man allerdings nicht herumkommen. Zwar eignen sich auch feinporige Styroporoberflächen, die man eventuell mit einem Fön anschmilzt. Sie haben jedoch eine unregelmäßige Pflasterstruktur, wie sie beim Vorbild recht selten vorkommt.

Flexibel und billig ist der Straßenbau nach eigenen Methoden. Eine fast glatte Oberfläche, die man nur noch mit Plakafarbe einfärben muß, erhält man durch 2–3 mm dicke Schaumstoffplatten für die Wandisolierung. Dieses extrem feine Styropor dient gewöhnlich (schimmelbildend!) als Untertapete und ist im Baumarkt preiswert zu haben. Bei guter Planung reicht eine Platte für alle Straßen und Plätze, ohne daß Schnitte erforderlich sind. Schneiden läßt sich das Material problemlos mit einem Bastelmesser. Zum Kleben eignet sich Weißleim.

Andere Oberflächen wie Sperrholz müssen durch einen dünnen Auftrag von Gips, Moltofill oder ähnlichem geglättet werden. Danach wird ein hellgrauer Farbton aufgetragen. Auch wenn Ihnen Ihr Gedächtnis sagt, daß Straßen schwarz

sind: vergessen Sie's. Schwarz sind Straßen nur dann, wenn sie frisch aus dem Teerdeckenfertiger kommen. Schon das erste Auto zieht graue Staubspuren auf der schwarzglänzenden Oberfläche. Ein Blick in die Umgebung wird Ihnen ein Gefühl dafür geben, wie Straßen beschaffen sind: der Abrieb der Reifen macht sich dunkel auf den hellgrauen Untergrund bemerkbar, an den Rändern liegt heller Staub, Lastwagen und Straßenbahnen haben Öl verloren. Dazwischen gibt es geflickte Stellen in dunkleren Farben, kleine Löcher und Bremsspuren. Nicht zu vergessen Kanaldeckel, Gullys und Schachtdeckel, die Gerard als Ätzteile liefert. Talentierte Modellbauer werden sie vielleicht aufmalen oder Fotokopien von Zeichnungen verwenden.

Beim Vorbild sind Straßen leicht gewölbt oder zur Seite geneigt, damit das Regenwasser abfließen kann. Bei neueren Oberflächen ist die Neigung so gering, daß sie im Modell nicht wiedergegeben werden muß. Gut wirken jedoch gewölbte Pflasterstraßen. Je nach Epoche und Region gehören Löcher, Pfützen und Flickstellen aus Teermasse zu einer realistischen Nachbildung im Modell.

Markierungen sparsam einsetzen

Selten ist eine Fahrbahn ohne Markierungen anzutreffen. Bei einer nicht gerade verfallenen zweibahnigen Fahrstraße ist eine unterbrochene oder durchgehende Mittellinie das mindeste. Dabei wird deutlich, wie breit eine Straße sein muß, um genügend Platz für die Fahrzeuge zu lassen, die ja nie haarscharf an der Mittellinie fahren. An den Rändern gepflegter übergeordneter Straßen finden sich häufig Begrenzungslinien. Ränder von Stadtstraßen haben Markierungen für Parkplätze, Bushaltestellen und Radwege. Daneben regeln Zebrastreifen, Sperrflächen, Richtungspfeile und Haltelinien den Fahrzeugverkehr. Während in Ostdeutschland selbst Großstädte sparsam mit Markierungen umgehen, werden anderswo die Verkehrsteilnehmer ziemlich eindeutig geführt. Auf einem Diorama oder einer Anlage wirkt derlei Perfektion eher

Bei Anlagen, die sich die achtziger und neunziger Jahre zum Vorbild genommen haben, sind Parkplätze bei Einkaufszentren unverzichtbar. Auch wenn der Platz nie für viele Stellplätze ausreichen wird – es hängt vom Geschick des Modellbauers ab, ob auch wenige Parkplätze einen großen Parkplatz andeuten oder nicht. Auf dieser Faller-Anlage ist die Stilisierung recht gut gelungen

Links: Romantischer Durchblick im Gegenlicht. Liebevoll gestaltete Details am Straßenrand schaffen Atmosphäre

negativ, weil die Straßenmalereien die ohnehin engen Fahrbahnen optisch verkleinern. Ihre Fahrbahnmarkierungen sollten Sie deshalb so fein wie möglich und nicht in strahlendem Weiß setzen. Orientieren Sie sich lieber an einem sparsam ausgestatteten Vorbild.

Wenige Schilder wirken besser

Selten kommen Straßen ohne Verkehrsschilder aus. Die riesigen gelben Wegweiser über breiten Bundesstraßen habe ich noch auf keiner Anlage gesehen, obwohl sie zum modernen Stadtbild gehören. Hier darf gemogelt und weggelassen werden, denn im Modell wirken diese einengend und bei den viel zu geringen Längen der Straßen und Wege eher übertrieben. Straßennamen, Halteschilder und die wichtigsten Gebots- und Verbotsschilder genügen für einen vorbildgerechten Eindruck.

Ampeln nur, wenn Fahrzeuge wirklich fahren

Ohne Ampeln wäre der Verkehr auf vielen Straßen kaum zu bewältigen. Da unsere Anlagen normalerweise keinen fließenden Verkehr darstellen, wirken Ampeln mit wechselnden Lichtsignalen etwas unglücklich. Ich würde sie nur auf Anlagen einsetzen, bei denen sich Fahrzeuge bewegen, und sei es wenigstens eine Straßenbahn. Sinnvoll und überaus reizvoll sind echte Ampelanlagen nur in Verbindung mit den fahrenden Faller-Fahrzeugen, auf die ich in

einem anderen Kapitel eingehe. Ansonsten reichen die zierlicheren Kunststoffimitationen ohne Beleuchtung völlig aus.

Ausstattungen für Straßen und Plätze

Die „Möblierung" des öffentlichen Raums wird häufig beklagt, weil die Straßen und Wege oft durch modische Lampen, Bänke, Abfallbehälter, Blumenkübel, Bäume, Reklameschilder und Wartehäuschen regelrecht zugestellt werden. Trotzdem gehören diese Dinge nebst Geländern, Telefonzellen, Litfaßsäulen, Brunnen und allerlei privaten Schildern zum Erscheinungsbild einer Stadt. Etwas reduziert, kommen sie auch in Dörfern vor. Schauen Sie sich in Ihrer Umgebung um, damit Sie die typischen Ausstattungsdetails erfassen und ins Modell umsetzen können. Aber denken Sie daran, daß jedes Schild, jeder Gegenstand die freie Fläche unterbricht und dem Auge vermittelt, daß die Straßen und Plätze im Modell meist zu klein sind. Wenn sie größer wirken sollen, dürfen Sie sie nur sehr sparsam möblieren.

Zusammenfassung

Die Bedeutung und Funktion der Straßen muß durch ihre Breite und Gestaltung deutlich werden. Plätze prägen das Erscheinungsbild einer Ortschaft auch im Modell und sollten großzügig angelegt werden. Zudem bieten sie die Gelegenheit zur individuellen Gestaltung nach Ihrem Geschmack. Bei der Ausschmückung der Straßen sollten Sie um so zurückhaltender vorgehen, je weniger Straßenfläche Sie zur Verfügung haben. Zu viele Details wirken einengend.

9
Stand-Fotos

Straßen und Plätze wären leblos, wenn sich dort nichts bewegen würde. Mit Figuren, Fahrzeugen und anderen Ausstattungsteilen arrangieren Sie lebendige Szenen, die Bewegung lediglich vortäuschen und doch überzeugend wirken.

Schwerpunkte setzen: fantasievolle Szenen

Daß „Bewegung" auf dem Diorama oder der Anlage häufig Stillstand bedeutet, ist gar nicht so negativ wie es zunächst erscheinen mag. Mit großem Aufwand ließen sich die winzigen Figuren und Autos bewegen. Dagegen spricht, daß eine überall quirlige Modelllandschaft den Betrachter überfordern oder von dem vielleicht Wichtigsten, den fahrenden Zügen, ablenken würde.

So gesehen, sind die eingefrorenen, statischen Szenen durchaus ein Vorteil: man kann sie in Ruhe betrachten und bewundern, mit wieviel Sinn für Details der Erbauer sie gestaltet hat. Bepflastern Sie Ihre Landschaft deshalb nicht gleichmäßig mit solchen „Hinguckern", sondern setzen Sie phantasievoll Akzente und Schwerpunkte. Dazwischen sollte optisch Ruhe sein.

Auch wenn man nicht erkennt, wohin die Krankenwagenbesatzung mit dem Patienten will: die Szene vermittelt, welche Funktion das Gebäude hat. Das Krankenhausgebäude könnte genauso gut als Schule oder Verwaltungsgebäude dienen
Foto: Egon Pempelforth

Vier Preiserlein, mühsam zurechtgebogen, errichten ein Baugerüst. Die Figurenhersteller haben leider noch nicht erkannt, daß Bauleute in Aktion (gebückt, in der Hocke, ziehend und drückend, bei Verladearbeiten und mit Werkzeugen in der Hand) dringend gebraucht werden. So muß man sich vorerst mit Körperhaltungen und Situationen begnügen, die halbwegs glaubhaft erscheinen. Der Opel-Blitz, bei dem die Räder ein wenig eingeschlagen sind, könnte noch ergänzt werden: Nummernschild, Peilstangen, Rückspiegel, Roststellen und Schmutzspuren

Es sind gerade die alltäglichen Szenen, die lebendig wirken und für Realismus sorgen. Einige Beispiele:

– der Paketbote, der aus dem Fahrzeug steigt,

– ein Lastwagen wird be- oder entladen (mit Gabelstapler, von Hand, mit dem Kran),

– ein Möbelwagen mit offenen Türen nimmt Hausrat auf,

– Kinder spielen auf dem Spielplatz,

– ein Bagger räumt die Trümmer eines Hauses,

– die Feuerwehr löscht einen Brand, rettet eine Katze, die sich im Baum verstiegen hat oder holt (wenn man Makabres liebt) einen Lebensmüden vom Dach,

– ein Unfall zieht auch die Neugier der Modellfiguren auf sich,

Eine meisterhaft gestaltete Szene aus dem Berlin der dreißiger Jahre. Hier stimmt einfach alles. Selbst Kanaldeckel wurden nicht vergessen. Das Diorama bauten die Gebrüder Woytnik mit Fahrzeugen und Ausstattungsteilen aus dem eigenen Programm. Die lebendig wirkenden Merten-Figuren tragen zum überzeugenden Gesamteindruck bei

– auf dem Bauernhof werden die Kühe zusammengetrieben,

– eine Gänseschar stoppt den Verkehr auf der Dorfstraße,

– ein Pferd wird vor der dörfliche Schmiede neu beschlagen.

Bestimmt fallen Ihnen noch viele andere Szenen ein. Nicht zu vergessen Baustellen. Sie bieten Augenkitzel, weil viele Baufahrzeuge, Arbeiter, Warnblinker und Gerätschaften auf engstem Raum plaziert werden können. Ist die Baustelle am Anlagenrand plaziert, liefert sie eine plausible Begründung dafür, daß hier der Verkehr auf einer Straße oder Eisenbahnstrecke enden muß. Der Fantasie des Betrachters wird dennoch vorgegaukelt, daß es hinter der Baustelle irgendwie weitergeht. Das wirkt in jedem Fall überzeugender als ein leerer Verkehrsweg, der am Anlagenrand einfach abgeschnitten ist.

Figuren: Bevölkerung im Miniaturmaßstab

Das Figurenangebot ist vor allem im Maßstab H0 beinahe unüberschaubar. Preiser, so scheint es, hat nahezu alles im Katalog, was man zur Gestaltung lebendiger Szenen benötigt. Leider fehlt es an brauchbaren Handwerkern und Bauarbeitern sowie spielenden Kindern. Gerade das arbeitende Preiser-Volk, seit Jahrzehnten auf allen Anlagen bis zum Überdruß eingesetzt, ist wenig praxisgerecht. Bauarbeiter, die zum Beispiel Bretter auf das Gerüst schieben, Lastwagen beladen oder Wände streichen, muß man durch vorsichtiges Biegen der Arme und Beine über einer Wärmequelle oder Abschneiden und Ankleben selbst herstellen. Bei der Suche nach Alternativen werden Sie vielleicht bei Merten fündig: besseres Personal für Dampflokomotiven gibt es nirgendwo, und auch sonst sind die Miniaturen aus Berlin ganz brauchbar.

Ein fliegender Händler bietet am Straßenrand Obst an. Danoben ein Verkaufswagen für heiße Würstchen. Die Figuren scheinen in Bewegung zu sein. Eine Bauersfrau hat schon eingekauft und geht davon, andere Miniaturpersonen haben sich noch nicht für eine Apfelsorte entscheiden können   Diorama: Wiking

Wer schnell und preisgünstig die Szene bevölkern will, ist mit den stilisierten Figuren von Kibri gut bedient. Bei größerem Betrachtungsabstand, wie er sich bei einer Modellbahnanlage von selbst ergibt, fällt die Vereinfachung und die starre Körperhaltung der Menschlein kaum auf. Die bunten Farben lassen sich recht schnell mit Pinsel und Lack verändern.

Mehr Zeit kostet das Bemalen der Figurensets, die Preiser anbietet. Wer sich einmal damit beschäftigt hat, versteht, warum die fertig bemalten Figuren nicht ganz billig sind. Deshalb lohnt es sich, die kleinen Personen selbst zu bemalen und dabei Veränderungen vorzunehmen, sofern man den späteren Standort schon weiß. Vermeiden Sie zu bunte Farben, mischen Sie lieber nach der Ziegelmethode Tröpfchen verschiedener Farben. Ein einmal benetzter Pinsel reicht für Jacke wie Hose eines Mini-Menschen. Wenn Sie jedesmal eine andere Nuance anmischen, kann Eintönigkeit nicht aufkommen. Es sei denn,

Sie wollten aktuelle Modetrends wiedergeben. Dann können Sie ganz vorbildgerecht die Mehrzahl der Bevölkerung in Rot und Schwarz, Aubergine, Altrosa oder Weiß mit Leuchtfarben herumlaufen lassen.

Verteilen Sie die Figuren nicht gleichmäßig, sondern bilden Sie Szenen und Gruppen. Denken Sie auch daran, die Personen in Bezug zu Tieren, Gegenständen und Fahrzeugen zu setzen: die Dame mit dem Hund an der Leine, die Einkaufstasche oder der Eimer in der Hand, das Anlehnen an einen Mast, das Öffnen einer Wagentür oder das Herumlümmeln am Gartentor usw. Diese Plazierungen sind gar nicht so einfach, gehören aber zu dem, was die Kunst des Modellbaus ausmacht.

Probieren Sie aus, wie die Figuren wirken. Wenn Sie sie mit Fixogum, einer Gummilösung, provisorisch aufstellen, können Sie mißglückte Szenen rückstandsfrei wieder entfernen.

Fahrzeuge: Belebung für Straßen und Plätze

Ich gebe zu, daß ich meinen Modellautos ungern Gewalt antue, getreu dem Motto: „In 20 Jahren ist das Wiking-Auto das Zehnfache wert". Natürlich würde ich sie auch dann nicht verkaufen . . . Vielleicht sind Sie weniger irrational und nutzen die Automodelle für Ihre Miniaturlandschaft besser. Eingeschlagene Vorderräder, bemalte Blinker, Außenspiegel und Nummerschilder verbessern das Aussehen der Fahrzeuge im Nu. Wenn Sie dann noch die stereotypen Wiking-Speichenräder gegen passende Räder austauschen und die Türgriffe mit einem Hauch Silber „verchromen", wird aus dem Sammelobjekt ein ansehnliches Automodell. Radioantennen aus feinem Draht setzen weitere Akzente.

Modellbauer mit unbewältigter Wiking-Kindheit greifen nicht nur im Notfall auch zu anderen Autosortimenten. Das Angebot ist groß und deckt nahezu alle Epochen und Einsatzzwecke ab. Wenn Sie es mit den Epochen genau nehmen, hilft ein Blick in das reichliche Fachbücherangebot. Beim Betrachten der Bilder stellen sich nicht nur nostalgische Gefühle und Erin-

Dieses Wiking-Diorama illustriert eindrucksvoll den Vorschlag von Seite 76: eine Straße endet am Anlagenrand in einer Brückenbaustelle. Bei soviel Ablenkung fällt gar nicht auf, daß die Landstraße abrupt abbricht. Auch das Ende so einer städtischen Straße läßt sich, wie auf der Seite 17 unten angedeutet, durch eine Eisenbahnbrücke kaschieren

Auf dem Spielplatz ist was los. Man rechnet fast damit, daß das Kind gleich die Rutsche heruntersaust
Diorama: Faller

Dieses abendliche Erzgebirgsmotiv bekommt durch das Ehepaar auf der Bank Leben eingehaucht. Ohne Figuren würde es tot wirken
Diorama: Auhagen

Stand-Fotos

Hier wurde übertrieben: Daß sich so viele Personen in der Nähe der Schwarzwaldhöfe aufhalten, ist ziemlich unwahrscheinlich. Die gleichmäßig verteilten Figuren wirken unglaubwürdig. Ein oder zwei Personengruppen würden genügen. Die gestaffelte Anordnung der stark verkleinerten H0-Gebäude (eher für TT und N geeignet) ist dagegen geschickt, vorbildgerecht und spart Platz. Diorama: Faller

Aus größerem Betrachtungsabstand fällt kaum auf, daß die preiswerten Kibri-Figuren nur stilisiert sind. Die geraden Arme können in Maßen situationsgerecht verbogen werden. Das Bild verdeutlicht, daß Figuren in Gruppen besser wirken als gleichmäßig verteilt

Ein originelles Thema mit zeitgeschichtlichem Charakter, einmal jenseits der üblichen Romantisierung: Neugierige Zuschauer betrachten, wie nach der Wende in der DDR die Spruchbänder an der SED-Bezirkszentrale abgenommen werden. Die schnelle medizinische Hilfe vom Roten Kreuz mit dem Zweitakt-Barkas kommt soeben um die Ecke. Auch sonst stimmt das Umfeld Diorama: Pola

Oben: Und ewig nagt der Baggerzahn. Der Fotograf scheint vor der Riesenschaufel unwillkürlich zurückzuweichen. Ohne Gebrauchsspuren sollten Baumaschinen wie Bagger, Raupen und Betonmischer nie eingesetzt werden. Die Baggerzähne des Kibri-Modells erhielten eine Schicht Aluminiumfarbe, um das blanke Metall zu imitieren. Verschiedenfarbige Erd- und Lehmspuren vermischen sich mit Roststellen durch abgeschlagenen Lack. Mattschwarz lackierte Hydraulikschläuche, farblich abgesetzte Scheibenwischer und Griffe bringen das Modell auch im Detail näher an das Vorbild. Einzelne Lastwagen und Pkw-Modelle sehen mit etwas Patina naturgetreuer aus

Links: Wenn der Bagger streikt, freut sich kein Mensch. Die Männer auf der Baumaschine – ratlos. Perfektionisten hätten noch vor dem Bemalen die Rücken der Preiser-Figuren glattgeschliffen

nerungen ein. Die aufgelisteten Baujahre sorgen für die Erkenntnis, daß der VW Golf (ab 1974) neben einer DB-Dampflok der Baureihe 39 (bis 1966) etwas unglücklich wirken würde oder daß das Goliath-Dreirad ebensowenig in die achtziger Jahre paßt wie der Opel Blitz. Nichts spricht gegen eine Oldtimerparade, wenn man alte Autos liebt und die Epoche 5 nachbildet. Dann sollten Sie aber durch neugierige Zuschauer deutlich machen, daß es sich um eine Oldtimerschau und nicht um einen willkürlichen Epochenmischmasch handelt.

Lebendige Szenen brauchen Modellautos, die mehr sind als die geradeaus fahrenden Fahrzeuge ohne Fahrer, die wir im Laden kaufen können. Wenn Sie Verladeszenen, Kipper beim Entladen, kurvenfahrende Fahrzeuge oder sonstige Situationen mit Aufmerksamkeitswert nachbilden wollen, sind Sie mit Bausätzen von Preiser und Kibri bestens bedient. Auch die Roco-Fahrzeuge sind hoch detailliert und mit beweglichen Teilen ausgestattet.

Kibri-Figuren sehen natürlicher aus, wenn Hände, Schuhe und ein Teil der Kleidung bemalt werden. Das geschieht am besten, solange die Einzelteile noch nicht vom Spritzling abgetrennt sind. Auch bei Preiser-Figuren empfiehlt sich diese Methode. Zuerst werden die Hautfarben und andere helle Töne aufgetragen, später die dunklen

Zeitlos, auch wenn die Oldtimer auf frühere Jahrzehnte hinweisen, sind Pferdekutschen einsetzbar. Sie passen in jede Epoche
Diorama: Pola

Vor allem Kibri-Lastwagen mit ihrer hervorragenden Detaillierung und Paßform regen zum Erfinden von Szenen im Maßstab H0 an. Und weil es sich um Bausätze handelt, sind die Skrupel viel geringer, diese Fahrzeuge mit dem Pinsel zu verfeinern oder zu verschmutzen. Gerade die Patina gehört zwingend zu Lastwagenmodellen, sind sie doch auch beim Vorbild selten neu und glänzend. Zu den Lastwagen gehören Schmutz, Rost und Beulen wegen kleiner Kollisionen oder die individuellen Bemalungen der „Trucker" – jenen Lastwagenfahrern, die durch ihren amerikanisch aufgemotzten Arbeitsplatz vergessen wollen, daß sie ihrem stressigen Job auf verstopften Autobahnen und nicht auf endlosen Highways nachgehen.

Müllfahrzeuge, Kräne, Gabelstapler, Baumaschinen und Spezialfahrzeuge bieten sich als Ausgangspunkt für viele Szenen an, die „wie aus dem Leben gegriffen" wirken. Ihre Beobachtungsgabe wird Ihnen helfen.

Kutschen, Traktoren, Motor- und Fahrräder

Je nach Epoche werden Fuhrwerke, von Pferden oder Ochsen gezogen, die Dorfstraßen beleben. Aber auch in der Städten aus früheren Epochen haben Handwagen, Bierkutscher, Milch- und Kohlewagen eine Existenzberechtigung. Immer zeitgemäß ist eine weiße Hochzeitskutsche.

Mopeds, Motorroller und -räder sowie Fahrräder werden auf vielen Anlagen vergessen. Es gibt sie bei den Figurenherstellern und als feine Ätzteile. Sogar Kinder-Dreiräder und Janoschs gestreifte Tigerente sind als Bausätze im Angebot. Wegen ihrer Feinheit sind sie nur erfahrenen Spezialisten zu empfehlen.

Ein filigranes Messingfahrrad aus einer Gerard-Ätzplatte lehnt an der Hausecke. Für das Bemalen des exakt verkleinerten Modells braucht man Geduld und eine ruhige Hand

Zusammenfassung

Kleine Szenen mit geschickten Arrangements von Figuren, Tieren und Fahrzeugen beleben Städte und Dörfer, sollten aber nicht gleichmäßig verteilt werden. Vor allem Nutzfahrzeuge aus Bausätzen lassen sich individuell modifizieren und in lebendige Szenen integrieren. Vergessen Sie auch Kleinfahrzeuge nicht.

10
Bewegt und bewegend

Die Miniaturisierung und neue Techniken haben nicht nur den Modellautos das elegante Fahren beigebracht, sondern auch eine Vielfalt von Betriebsmodellen ins Spiel gebracht, die vor Jahren noch undenkbar war. Autos und Straßenbahnen können ein attraktives Hobby im Hobby sein – es geht auch ohne Eisenbahn.

Autos de luxe: echter Fahrbetrieb auf Modellstraßen

Während auf Modellbahnanlagen die Eisenbahn für Bewegung sorgt, ist richtiger Bahnbetrieb bei den meisten Dioramen ausgeschlossen, weil Gleisradien kaum unterzubringen sind. Abhilfe gegen allzu statische Motive schafft richtiger Straßenverkehr – neben Blinkeffekten, Wind- und Wassermühlen, Kirmes-Fahrgeschäften und vielleicht einer Feld- oder Industriebahn.

Mit dem Faller car system haben Fahrzeuge oberhalb der Pkw-Größe das Fahren gelernt, ohne die früher störenden Stromabnahmeschienen und Führungsschlitze in der Straße. Die Fahrzeuge werden durch einen winzigen Magnet an der Vorderachse gelenkt, welcher einem Draht folgt, der unter der Fahrbahn verlegt ist. Die Energie kommt aus einem winzigen Akku, der bei den Lastwagen Dauerbetrieb bis zu acht Stunden ermöglicht.

Das Faszinierende an diesem System ist, daß die Fahrzeuge durch unter der Fahrbahn montierte Elektromagnete angehalten und über Weichen gelenkt werden können. Man ist nicht nur auf die Faller-Originalfahrzeuge angewiesen, sondern kann – bei etwas Geschick – seine Lieblingsfahrzeuge mit Umbausätzen zum Fahren bringen. Sie brauchen nur ausreichend Platz für Antrieb, Reedkontakte und Akkuzellen.

Verbunden mit Ampeln, Kreuzungen, Bahnübergängen und Weichen ist ein abwechslungsreicher Fahrbetrieb möglich. Zwar ist das Abstandhalten bei unterschiedlich schnell laufenden Fahrzeugen noch ein ungelöstes Problem, das vorerst nur durch Blockstellen wie bei der Eisenbahn in den Griff zu bringen ist. Die Mikroelektronik wird sicher eines Tages Lösungswege finden. Wenn Sie Elektronikkenntnisse besitzen und Spaß an komplizierten Schaltungen haben, können Sie den Fahrbetrieb perfektionieren: Autos, die scheinbar zufällig die Route ändern und vor Zebrastreifen anhalten; Busse, die beim Ausfahren aus der Haltestellenbucht blinken; ampelgesteuerte Kreuzungen und Gags bis hin zum Oldtimer, der mit dampfendem Kühler an den Straßenrand fährt, sind machbar. Im Eisenbahn Magazin wurde sogar beschrieben, wie Lastwagen rückwärts an die Verladerampe fahren.

Über Einzelheiten, die für den Betrieb wichtig sind, informieren die Anleitungen von Faller. Obwohl Radien von 20 cm angegeben werden und für die Leitdrähte ein Mindestabstand von 5 mm gilt, sollten Sie sich durch diese Empfehlungen, die auf der sicheren Seite sind, nicht von eigenen Experimenten abhalten lassen. Die Fahrzeuge fahren problemlos durch Radien bis fast 5 cm, wenn der Fahrweg glatt ist. Zu schnelle Fahrzeuge werden durch eine Diode zwischen Akku und Motor wesentlich langsamer. Entsprechend geringer sind die Fliehkräfte in den Kurven. In schwierigen Kurvenkombinationen helfen Einfangdrähte in den Außenradien, einen Ausreißer auf den rechten Weg zurückzubringen.

Straßenbau für das Faller car-System. Im Vordergrund der Leitdraht und der runde Elektromagnet zum Anhalten der Fahrzeuge vor der roten Ampel. Links neben der Litfaßsäule ist eine Weiche eingebaut, die den Linienbus zu einer Haltestelle vor dem Bahnhof ausfädelt. Selbst Bahnübergänge sind möglich

Der Leitdraht wird in einer Nut verlegt und die Oberfläche mit Spachtelmasse geglättet. Darüber kommt ein Überzug aus Straßenfarbe. Faller bietet auch vorgefertigte Fahrbahnstücke aus Pappe an

Fast jeder Lkw, wie dieser Roskopf-Oldtimer, läßt sich leicht für das Faller car-System umbauen. Für einen sicheren Fahrbetrieb in engen Kurven sind Gummireifen unbedingt erforderlich. Hier wurde mit dem Bastelmesser provisorisch ein Profil in die Polystyrolreifen geschnitzt, um die Reibung zu erhöhen

Exotisch: Oberleitungs- und Spurbusse

Fast in Vergessenheit geraten sind die Oberleitungsbusse (kurz: O-Busse), eine Kreuzung aus Straßenbahn und Bus. Diese Omnibusse werden durch einen Elektromotor angetrieben. Der Strom wird von einem langen Stromabnehmer, der dem Bus einen gewissen seitlichen Bewegungsspielraum gestattet, aus einer doppelten, zweipoligen Oberleitung geholt.

Brawa hat schon vor vielen Jahren die Chance genutzt, die O-Busse als Bewegungskomponente für H0- und N-Anlagen ins Modell umzusetzen. Zwar sieht man den Bussen das lang zurückliegende Konstruktionsjahr an. Nimmt man in Kauf, daß Modelle und Oberleitung nicht besonders filigran sind, ist auch ein größeres

Das technische Unikum, der Essener Spurbus, könnte zum Nachbau im Modell anregen. Antrieb und Lenkung sind recht einfach realisierbar
Foto: EVAG

Straßenbahnen bringen Leben in die Straßen. Vorbildgemäß finden sie sogar in engen Altstadtstraßen Platz. Hier rollt ein Triebwagen durch die Epoche-3-Anlage Kümpelburg. Hinten das Straßenbahndepot. Den Hintergrund bilden MZZ-Kulissen (s. a. S. 111). Logistik- und Elektronikspezialisten gelingt vielleicht sogar der Parallelbetrieb von Faller-Fahrzeugen und Straßenbahn. Doch auch die Tram allein, die durch perfekt gestaltete Häuserschluchten fährt, ist ein schönes Thema für den Modellbau. Eine konventionelle Eisenbahn ist dann ganz überflüssig
Foto: Männel

Diorama im Nu durch diese technische Besonderheit bereichert. Das gilt vor allem für Stadtmodelle im N-Maßstab, für die es noch keine selbstfahrenden Autos gibt.

Brawa gibt für die H0-Fahrzeuge, die durch die Stromabnehmer gelenkt werden, Mindestradien von 20 cm an, in N sind es 15 cm. Erfahrene Modellbauer können mit Hilfe der Faller-Busse eine elegantere Version entwickeln: die Fahrzeuge werden dann wie beim car system durch den Draht auf der Straße gelenkt. Der Fahrstrom kann aus den Akkus oder aus einer Oberleitung kommen. Ein reizvolles Nebeneinander von Faller-Fahrzeugen und O-Bussen ist denkbar.

Auch die Steuerung und der Antrieb von selbst entwickelten Spurbus-Modellen dürfte keine Probleme bereiten. Am elegantesten ist sicher wieder die magnetgelenkte Achse. Zur Not tun's aber auch – vorbildähnlich – Lenkrollen an den vorderen Ecken des Busses, die von den Betonbegrenzungen der Fahrbahn geführt werden.

Straßenbahnen: Hobby im Hobby

Straßenbahnmodelle gibt es in allen Maßstäben. Sie beleben Groß- und Kleinstädte auch im Modell, setzen aber wegen der erforderlichen Radien viel Platz voraus. Bei diesem Sonderthema werden Sie bei Ihrem Händler kaum fündig werden. Von Roco abgesehen, gibt es nur eine Reihe von wenig bekannten Kleinserienherstellern, die sich mit dieser speziellen Bahnsparte beschäftigen. Oft verhilft nur die Motorisierung von Standmodell-Bausätzen oder der Eigenbau zu Modellen eines bestimmten Vorbilds.

Wie Sie Straßenbahnmodelle in Ihre Städte integrieren, hängt wesentlich vom Platzangebot ab, weil je nach Spurweite bestimmte Mindestradien nicht unterschritten werden dürfen. Wertvolle Hinweise für die Planung vermittelt Ihnen das Hartel-Gleissystem. Passende Oberleitungen bietet Sommerfeldt an.

Auch Güterverkehr auf Straßenbahngleisen ist möglich. Das Vorbildfoto zeigt eine Übergabefahrt auf der vollspurigen Kleinbahn Weidenau – Deuz in Geisweid am 13. 4. 65. Auf schmalspurigen Gleisen gab und gibt es gelegentlich noch den interessanten Rollbockbetrieb
Foto: Rolf Löttgers

Hier ist Wasser das bewegende Moment. Weiße Fontänen sind im Modell nicht möglich, weil die Struktur des Wassers nicht verkleinerbar ist. Trotzdem kann ein Springbrunnen eine Parkanlage oder einen großen Platz optisch bereichern. Ein großes Wasserbecken schützt vor unerwünschter Feuchtigkeit und Schimmel in der Modellumgebung
Foto: Busch

Straßenbahnen decken eine erstaunlich große Themenpalette ab. Von der Überlandstraßenbahn, die in Ihrem Modelldorf endet, über die moderne kombinierte U- und Straßenbahn, die am Anlagenrand im Untergrund verschwindet bis hin zur schmalspurigen Dampfstraßenbahn oder Schmalspurbahn, die durch Dorfstraßen fährt, ist alles möglich. Und wenn Sie noch eins draufsetzen wollen, verschieben Sie über die Straßengleise effektvoll Güterwagen zu den Industriebetrieben auf Ihrer Anlage.

Denken Sie daran, daß ein Rundkurs um Ihre Modellstadt nicht glaubwürdig wirkt. Umgerechnet nur ein paar hundert Meter Gleis können keinen Straßenbahnbetrieb rechtfertigen. Deshalb

Bewegt und bewegend 91

Das Nachkriegsmotiv von Wiking vereint eine exzellent gestaltete Abbruchsituation (beachten Sie die Reste der Giebelwand) mit der Möglichkeit, auf der Trümmerbahn mitten in der Stadt Dampfbetrieb zu machen

Auch wenn hier Klebstoff und Gießharz das Wasser imitieren: Mühlen sind immer reizvoll, wenn sich das Mühlrad dreht. Die Wasserräder lassen sich wie beim Vorbild antreiben. Eine Miniaturpumpe im Berg oder unter der Anlage transportiert dann das nasse Element ständig über einen Wasserkreislauf. Hier ziehen zwei Mühlräder die Blicke an, und ein Hammerwerk neben dem Brückchen sorgt für weiteren Augenkitzel. Auch die meisterhaft gestaltete Vegetation ist sehens- und nachahmenswert
Foto: Faller

empfehle ich Ihnen einen Pendelverkehr zwischen zwei Punkten, von denen nur einer gut zu sehen ist, oder einen geschickt versteckten Rundkurs mit Schattenbahnhof oder anderen Möglichkeiten zur unsichtbaren Fahrtunterbrechung.

Auch in Stadt und Land: Feld- und Werksbahnen

Dieses Thema streife ich nur, denn es wäre genug Stoff für ein ganzes Buch. Aber es muß ja nicht eine ganze Anlage sein. Vielleicht deuten Sie nur eine Verbindung an zwischen zwei Werksteilen, die durch die Straße getrennt sind, oder erfinden einen anderen Anlaß, der ein paar Zentimeter Schmalspurgleis rechtfertigt. Auch in Wirklichkeit gab es unzählige Gründe für Feld- und Werksbahnen. Im Modell sind selbst die wildesten Gleisverbindungen und groteske Fahrzeuge erlaubt; das Vorbild ist so unerschöpflich wie Ihre Fantasie.

Mühlen und Brunnen

Nicht nur auf Straßen und Gleisen kann sich was bewegen. Auch Immobilien warten mit reizvollen Bewegungseffekten auf. Schon zur Steinzeit des Modellbaus gehören Wind- und Wassermühlen, die durch Motoren oder kleine Pumpen angetrieben werden. Folgerichtig gibt es auch mit Wasser betriebene Brunnen und echte Springbrunnen, die allerdings nicht ganz so effektvoll plätschern wie das Original: die Struktur des Wassers läßt sich nicht maßstäblich verkleinern.

Bewegt und bewegend

Oben, links und rechts oben: Ob Autoscooter, wirbelnde Tassen oder Flugmaschinen für die Fahrt ins All – die Zubehörindustrie liefert reichlich bewegte Modelle für Rummelplatz und Freizeitpark. Auch Riesenräder, Schiffschaukeln, Hüpfburgen, Geisterbahnen, Karussells sowie die zugehörigen Buden und Schaustellerwagen sind im Programm
Diorama: Faller

Neben vorindustriellen Mühlen sorgen die Windkraftwerke der Moderne für drehende Flügel. Beide passen in ein dörfliches Umfeld. In der Stadt haben sie auch im Modell nichts zu suchen.

Niedlich: Schmiedehammer

Kaum sichtbar, aber klackend vernehmbar ist der Schmiedehammer von Faller. In eine offene Schmiede eingebaut, die glühend rot innenbeleuchtet ist, kommt das Hämmerchen am besten auf einem kleinen Diorama zur Geltung. Das gilt auch für Sägewerke und andere Bewegungsmodelle.

Zeiger an der Wand: Uhren

Uhren mit beweglichen Zeigern für Kirchtürme, Stadttore und Rathäuser gehören zu den unscheinbaren Details, die bei manchen Modellen das entscheidende Quentchen mehr Realismus ins Spiel bringen. Passende Uhren, die auch auf eine schnellaufende Modellzeit eingestellt werden können, sind im Angebot. Auch vor einem Figurenlauf für historische Gebäude macht die fortschreitende Miniaturisierung nicht halt.

Ein Thema für sich: Kirmesbetrieb

Der Überblick geht allmählich verloren: unzählige Fahrbetriebe bringen in fast allen Maßstäben die Miniaturfiguren in Bewegung. Vom Riesenrad über Karussells, Autoscooter und Geisterbahnen bis zu Schiffschaukeln wird im Modell nahezu alles nachgebildet, was auf heutigen Jahrmärkten und Festlichkeiten für Nervenkitzel und dumpfe Gefühle im Bauch sorgt. Zusammen mit Schieß- und Bratwurstbuden, effektvoll beleuchtet und von einer chaotischen Originalgeräuschkulisse unterlegt, können Sie einen wunderschön bunten Rummelplatz modellieren. Am besten auf einem separaten Diorama, denn die Fahrbetriebe brauchen etwas Platz. Wenn Sie diesen reichlich zur Verfügung haben, paßt vielleicht sogar ein Zirkuszelt auf die Festwiese.

Auch ohne großes Fest bewegt sich was in Fallers Pavillon: tanzende Paare drehen sich zur Blasmusik.

Für Winteranlagen: Eislauf

Wenn Sie eine Winterlandschaft nachgebaut haben, findet sich in Stadt und Land bestimmt ein Plätzchen für die Eislaufbahn. Dort drehen sich dann die Eisläufer, unsichtbar von unten magnetisch angetrieben.

Zusammenfassung

Echter Fahrbetrieb mit H0-Autos, Bussen und Straßenbahnen ist reizvoll und wertet eine Ortschaft im Modell auf. Schon größere Dioramen eignen sich für einen attraktiven Fahrbetrieb, der ohne Eisenbahn auskommt. Auch Jahrmärkte oder Mühlenszenen sind ein gutes Thema für ein Diorama oder bereichern die Ecke Ihrer Modellbahnanlage.

11
Unter der Laterne

Beleuchtete Züge wirken nur in einer nächtlich erleuchteten Stadt. Aber auch ein gut illuminiertes Altstadt-Diorama zaubert romantische Nachtstimmung in die Miniaturwelt. Lesen Sie hier über die vielen Möglichkeiten zum Spiel mit dem Licht, bevor Sie mit dem Experimentieren beginnen.

Ganz oder gar nicht

Auch wenn das Modellbauhobby viele Kompromisse erfordert: bei der Beleuchtung ist Konsequenz gefragt. Wenn Sie sich zum effektvollen Nachtbetrieb entschlossen haben, müssen Sie ihn konsequent in die Tat umsetzen. Hier und da ein Lämpchen wirkt einfach nicht, und wenn nur einzelne Straßen beleuchtet sind, wird Stromausfall in den Dunkelzonen Ihrer Ortschaft kein überzeugendes Argument für den Betrachter sein.

Schon eine einzige modellgerechte Lampe wird Sie vermutlich auf den Geschmack bringen, denn ein gutes Diorama ist mit einer vorbildnahen Nachtbeleuchtung vom Original kaum noch zu unterscheiden.

Die Beleuchtung des Nachtlebens auf Straßen und Plätzen bereitet weniger Probleme als die Innenbeleuchtung der Häuser. Eine riesige Auswahl an Lampen und Laternen für jeden Geschmack und jede Epoche steht zur Verfügung. Von jahrzehntealten Spielzeugkonstruktionen bis zu äußerst filigranen Leuchtkörpern neuester Machart ist alles vertreten, was Licht ins Dunkel bringen kann. Qualität hat ihren Preis, und so können die sehr vorbildnahen Modelle von Brawa, Busch und anderen Herstellern nicht billig sein. Meist nicht ganz so aufwendig, was Ornamente und Ätzteile betrifft, sind die Viessmann-Lampen, die sich vor allem durch einfache Montage (auch zum Selberbauen) und angemessene Leuchtkraft auszeichnen.

Gerade die Leuchtkraft ist ein Thema, dem Sie Aufmerksamkeit widmen sollten. Vorbei sein sollte die Zeit, als klobige Lampen aus Metall mit einem glühendheißen Birnchen einen ganzen Quadratmeter ausleuchteten. Moderne Lampen zeichnen sich durch eine zurückhaltende Leuchtkraft aus, die nur wenige Zentimeter weit reicht. Das entspricht dem Vorbild und sorgt für weitaus mehr Romantik als die gleißende Beleuchtung aus früheren Tagen.

Bevor Sie sich auf bestimmte Leuchten festlegen, sollten Sie mit einem Exemplar, das stilistisch und epochemäßig paßt, einen Versuch im Dunkeln machen. Nur so können Sie die Leuchtkraft und die erzeugte Stimmung beurteilen.

Sti(e)lfragen

Wie in Wirklichkeit, so ist auch im Modell nahezu alles möglich: moderne Lampen in Altbauvierteln gibt es ebenso wie altmodische Laternen, die romantisierende Kommunalpolitiker in neuzeitliche Einkaufsstraßen gestellt haben. Natürlich müssen Sie nicht alle Geschmacksverirrungen nachvollziehen. Entscheiden Sie selbst und wählen Sie, was Ihnen gefällt.

Es wäre langweilig, nur Lampen mit Masten aufzustellen. Denken Sie auch an die Lampen, die an Seilen aufgehängt sind, die über die Straße gespannt sind. Siedlungen aus den Fünfziger Jahren wurden lange Zeit mit solchen billigen Straßenbeleuchtungen ausgestattet.

Unter der Laterne

Abendlicher Eislauf, geschickt in Szene gesetzt von Faller. Ganze Scheinwerferbatterien beleuchten die Schlittschuhfahrer, die durch eine Mechanik unter der „Eis"-Fläche in Bewegung gehalten werden   Foto: Faller

Umfangreiche Lampen- und Leuchtensortimente bieten mehrere Hersteller an. Hier ein Ausschnitt aus dem Viessmann-Programm. Das kaum noch überschaubare Angebot wird allen Ansprüchen, Epochen und Geschmäckern gerecht. Qualität und Vorbildnähe wirken sich allerdings auf den Preis aus. Das sollte bei der Entscheidung für eine Beleuchtung bedacht werden. Ganz oder gar nicht beleuchten ist die Devise, denn nur ein paar verstreute Lämpchen wirken nicht sehr überzeugend   Foto: Viessmann

Das richtige Zusammenspiel von Straßen-, Außen- und Innenbeleuchtungen demonstriert diese Nachtaufnahme. Beleuchtete Fahrzeuge und Leuchtreklame könnten noch hinzugefügt werden. Das Reisebüro rechts würde eine kräftigere Schaufensterbeleuchtung vertragen

Weitere Varianten sind die Leuchtkörper, die an Gebäuden befestigt sind, sei es zur Ausleuchtung öffentlicher Straßen, als Hoflicht oder als Türleuchte. In Villen-Gegenden mit längeren Wegen durch den Vorgarten finden sich auch Lampen auf niedrigen Masten. Ich erinnere an die scheußlichen Laternen mit gelbem Glas und geschmiedeten Verzierungen, die bis in die sechziger Jahre in Mode waren.

Und da wir gerade bei Stilen waren: vergessen Sie die Stiele, genauer, die Lampenmasten, nicht. Denn aus der Senkrechte gekippte Masten wirken unrealistisch. Zwar gibt ein angefahrener und geknickter Lampenmast ein gutes Motiv für eine Unfallszene ab. Aber die anderen Lampen und Laternen müssen unbedingt gerade stehen. Wenn eine kleine Wasserwaage wegen der Mastform nichts nützt, kontrollieren Sie die senkrechte Aufstellung von allen Seiten mit dem Auge.

Angestrahlte Gebäude

Während die Straßen- und Außenbeleuchtung der Sicherheit der Passanten und Autofahrer dient, hat die Beleuchtung von Gebäuden eine andere Funktion. Hier geht es darum, einzelne bedeutende Bauwerke hervorzuheben. Häufig werden Baudenkmäler wie Kirchen, Burgen und Türme angestrahlt, um weithin sichtbar für die Schönheit der Gemeinde zu werben, in welcher das Gebäude steht. Auf Ihrer Anlage findet sich vielleicht ein geeigneter Baukörper, der solche Beachtung verdient. Sie sollten aber nicht übertreiben und nur ein Gebäude oder einen Gebäudekomplex anstrahlen.

Wenn Sie aus Platzgründen auf Sakral- und Prunkbauten verzichten mußten, findet sich vielleicht eine andere Möglichkeit für Lichteffekte. Restaurants, die etwas auf sich halten, nutzen oft die anziehende Wirkung des Lichts und strahlen die Fassade an. Auch eine Wassermühle, ein Stauwehr oder eine alte Brücke kann vorbildgerecht durch Scheinwerfer hervorgehoben werden.

Aber nicht nur das Alte erstrahlt bei Nacht. Auch größere Industrieanlagen und Lagerflächen werden beleuchtet. Das dient weniger der Werbung als zur Abschreckung von Einbrechern und Dieben. Ein von innen oder außen beleuchtetes Firmenschild auf Fabrikgebäuden macht sich in jedem Fall auch im Modell gut.

Scheinwerfer (Brawa) heben schöne Bauwerke effektvoll hervor. Verblüffend echt sieht der beleuchtete Audi aus, der am Straßenrand im matten Licht der Laterne parkt

Fahren Ihre Autos ohne Licht?

Wenn Sie Ihre Straßen beleuchten, sollten auch Ihre Modellautos nicht ohne Licht fahren. Im H0-Maßstab ist die Beleuchtung der Scheinwerfer und Rückleuchten von Standmodellen kein Problem mehr. Mit Leuchtdioden (falls Sie gelbliche Scheinwerfer auch als Nicht-Franzose akzeptie-

Unter der Laterne

Auch große Fahrzeuge wie Busse, Kranwagen und andere Nutzfahrzeuge lassen sich attraktiv beleuchten
Foto: Viessmann

ren) oder mit Mikrolämpchen und Lichtleitern aus Kunststoff können Sie Ihre Modelle entsprechend präparieren. Bequemer ist es, fertige Modelle von Viessmann und Busch zu kaufen. Inzwischen hat sogar das Trabi-Modell echte Scheinwerfer.

Wie Sie die Fahrzeugbeleuchtung effektvoll einsetzen, sollten Sie gut überlegen. Da es kaum möglich sein wird, perfektionistisch alle Fahrzeuge mit echten Scheinwerfern auszustatten, zählen gute Ideen. Zwei, drei Autos mit Licht fallen in einem spärlich beleuchteten kleinen Dorf mehr auf als eine größere Menge in der hell erleuchteten Hauptstraße einer Stadt. Vielleicht stellen Sie ein beleuchtetes Auto an einen Bahnübergang. Die Scheinwerfer strahlen dann wirklichkeitsnah den Schrankenbaum und vorbeifahrende Züge an.

Falls Sie auch vor kniffligsten Aufgaben nicht zurückschrecken, können Sie die betriebsfähigen Faller-Lkw für die Nachtfahrt ausrüsten.

Weitere Effekte erzielen Sie auch bei Standmodellen mit blauem Blinklicht auf Streifen- und Rettungswagen sowie der Feuerwehr. Die Lämpchen wirken auch bei Tag sehr realistisch und ziehen den Betrachter in ihren Bann. Da gelbes Blinklicht im Gegensatz zu Blaulicht auch durch winzige Leuchtdioden erzeugt werden kann, sind selbst Warnblinker oder Richtungsanzeigen an Fahrzeugen darstellbar. Wenn Sie es dann noch schaffen sollten, Faller-Autos mit Blinkern auszustatten, wird Ihr Ruf als Modellbaukünstler sicher unübertrefflich sein.

Blinklichter

Und da wir schon bei Blinklichtern sind, müssen Baustellenblitze unbedingt erwähnt werden. Sie sichern auch bei Tag Baustellen an gefährlichen Stellen ab und sorgen für weiteren Augenkitzel beim Betrachter. Gelb blinkende Ampeln können auch an Zebrastreifen aufgestellt werden.

Hüten Sie sich jedoch vor einem überall blinkenden und blitzenden Durcheinander in Ihrer Modellwelt. Nur ein bis zwei solcher Installationen, effektvoll eingesetzt, kommen besser zur Geltung.

Zusammenfassung

Seien Sie bei der Nachtbeleuchtung konsequent und führen Sie sie so detailliert wie möglich durch. Probieren Sie die Aufstellung der Lampen und Scheinwerfer aus und achten Sie auf passende Stile und eine zurückhaltende Leuchtkraft.

Links oben: Leuchtdioden und Mikrolampen zaubern abendliche Stimmung auf den Rummelplatz
Foto: Busch

Links unten: Überzeugend wirken die beleuchteten Fahrzeuge
Foto: Busch

12
Läuten lassen

Geräusche können eine gelungene Modell-Ortschaft ergänzen. Dosiert eingesetzt, verblüffen sie den Betrachter. Was es alles gibt, erfahren Sie in diesem Kapitel.

Kirchenglocken

Die großen Glocken von Faller, die man in oder unter der Kirche montieren kann, sind fast schon Nostalgie. Außer an der Bahnschranke, klingen echte Glocken im Modellbau nicht besonders gut. Dank der Elektronik gibt es heute weit bessere Möglichkeiten, die Glocken zu läuten. Die modernste Methode ist, Originalgeräusche auf einem Chip zu speichern. Das klingt besser als ein synthetischer Glockenton und macht weniger Umstände als ein Band, für das man extra einen Kassettenrekorder unter der Anlage stationieren müßte.

Die Elektronik speichert Tierstimmen für individuelle Konzerte vom Bauernhof
Foto: Egon Pempelforth

Es gibt eine Reihe brauchbarer Systeme für das Glockengeläut. Wer es exakt dem Vorbild nachmachen will, bei dem viertelstündlich die Glocke schlägt, kommt an dem Geräuscherzeuger „Stadtkirche" von Haberl + Partner nicht vorbei. Besonders Modellbahner, die nach Fahrplan Betrieb machen und eine komprimierte Modellzeit benutzen, werden jederzeit wissen wollen, was die Stunde geschlagen hat.

Martinshörner

Die Elektronik hat schon vor einigen Jahren heulende Sirenen und Martinshörner ermöglicht, die komplett in größeren Fahrzeugen untergebracht werden können. Streng genommen sollten sie nur in fahrenden Einsatzwagen betrieben werden, denn ein stehendes Fahrzeug gibt höchstens im Stau ein akustisches Signal.

Geräusche für die Landwirtschaft

Wo Tiere sind, hört man ihr Schnattern, Bellen, Brüllen und was es sonst noch an tierischen Lauten gibt. Die angebotenen Geräuschgeneratoren von Busch oder Haberl + Partner bieten einzelne und gemischte Tierlaute. Der tierischen Bauernhof-Geräuschkulisse fehlt eigentlich noch das Tuckern eines Lanz-Bulldogs. Und wenn wir schon bei sinnlichen Eindrücken sind: warum gibt es für Perfektionisten noch keinen Grucherzeuger mit den Duftnoten Schweine-, Kuh- und Pferdestall sowie Misthaufen? Daß dieser im Modell wenigstens dampft, hat Vollmer (mit einem Raucherzeuger) möglich gemacht.

Geräuschkulissen für alle Fälle

Wem Glocken, Hörner und Tierlaute nicht genügen, kann sich von weiteren Konserven beschallen lassen. Da gibt es Lärmcollagen einer Stadt oder eines Bahnhofs. Und wer es gern schaurigschön hat, setzt einen Wimmergeist von Vollmer in die Burg oder die Geisterbahn. Ein Hörprobe sollten Sie sich vor dem Kauf in jedem Fall gönnen, um die Qualität der Geräuscheffekte zu beurteilen.

Zusammenfassung

Mit Geräuscheffekten von Chip und Band können Sie Ihre Ortschaft mit einer realistischen Geräuschkulisse überziehen oder einzelne Situationen (wörtlich) betonen. Setzen Sie zur Verblüffung Ihrer Zuschauer akustische Akzente.

13
Künstlicher Horizont: Hintergründe erzeugen räumliche Tiefe

Ohne Kulisse wirken Dioramen und Anlagen nicht sehr überzeugend. Die Umgebung im „Maßstab 1:1" zerstört die Illusion des Modells. Es gibt mehrere Möglichkeiten für den optischen Abschluß der Miniaturwelt.

Die Wirkung der schönsten Modellandschaft wird zunichte gemacht, wenn dahinter die Blümchentapete, das Bundesbahnplakat oder ein Loknummernschild mit Brachialgewalt deutlich machen, daß das Modell in einem Zimmer steht, für das andere Maßstäbe gelten.

Die Fantasie, die sich beim Betrachten des Modells einstellt – gewissermaßen der unbewußte Vergleich zwischen den Szenen im Modell und den entsprechenden Alltagserfahrungen – wird durch jedes Objekt, das nicht dem Modellmaßstab entspricht, abgelenkt und unterbrochen. Deshalb müssen Sie für einen optischen Abschluß sorgen, der den illusionszerstörenden gedanklichen Sprung zwischen den Maßstäben ausschließt.

Selten wird es einem so leicht gemacht wie bei diesem Bausatz, um ein Halbrelief-Gebäude zu erhalten. In anderen Fällen zieht man eine senkrechte Linie zwischen First und Unterkante. Entlang einem Stahllineal wird mehrfach ein scharfes Bastelmesser über die Wandinnenseite gezogen, bis sie sich auseinanderbrechen läßt. Danach muß die Kante entgratet und versäubert werden. Foto: Faller

Dieses Demonstrationsobjekt zeigt, wie ein Halbrelief nicht aufgestellt werden darf. Entweder muß der Einblick von der Seite verhindert oder durch hohe Bäume kaschiert werden. Der Fotohintergrund sollte in einem Abstand von wenigen Zentimetern hinter der Häuserzeile plaziert werden. Foto: Faller

Halbrelief

Die aufwendigste Version einer Kulisse ist das Halbrelief. Vorausgesetzt, Berge wären immer riesengroße Maulwurfshügel, die man von der Spitze bis zur Grundfläche senkrecht durchschneiden könnte, wäre ein halbierter Berg ein Halbrelief-Hintergrund. Er muß sich nur mindestens bis in Augenhöhe des Betrachters erheben, um den Blick „hinter die Kulissen" zu verhindern. Das ist wegen des immensen Platzbedarfs nur bei senkrecht abfallenden Felswänden oder in Steinbrüchen realisierbar.

Die kleinere Variante eines Halbreliefs ist ein halbplastischer Straßenzug, der parallel zum Rand der Anlage oder Dioramas verläuft. Es werden nur halbierte Häuser montiert, die hinten offenbleiben können. Die Dachfirste sollten möglichst parallel zum Anlagenrand verlaufen und den oberen Rand der Hintergrundkulisse markieren. Als Serienmodelle gibt es für diesen Zweck von Faller entsprechende Stadthäuser. Ansonsten hilft nur der Griff zu Bastelmesser und Säge, um die Seitenwände der Bausätze an ihrer höchsten Stelle bzw. in der Mitte senkrecht zu teilen.

Um den Durchblick zwischen den Häusern zu begrenzen, muß das Halbrelief durch einen Hintergrund ergänzt werden, der in den folgenden Absätzen vorgestellt wird. Natürlich dürfen die halben Häuser nicht unmittelbar an diesen Hintergrund geklebt werden, sondern müssen wenigstens ein paar Zentimeter Abstand dazu haben. Wichtigstes Ziel ist, den Lichteinfall von vorn so zu steuern, daß möglichst kein Schatten auf den Hintergrund fällt. Wenn Sie durch seitliche Kulissen verhindern, daß jemand von der Seite oder in zu großem Winkel auf die letzte Häuserreihe schauen kann, wird diese nicht als abgeschnitten unangenehm auffallen.

108 Künstlicher Horizont: Hintergründe erzeugen räumliche Tiefe

Künstlicher Horizont: Hintergründe erzeugen räumliche Tiefe

Dagegen müssen beim Spiegeltrick die Halbgebäude unmittelbar an den Spiegel gestellt werden. Der verwendete Badezimmerspiegel hat den Nachteil, daß durch die Dicke des Glases ein Spalt zwischen Original und Spiegelbild entsteht. Besser sind verchromte Bleche (z. B. Hochglanzbleche aus dem Fotolabor)

Der Spiegeltrick

Ein simpler, aber sehr wirkungsvoller Abschluß ist ein Spiegel. Er gaukelt eine unendliche Stadtlandschaft vor, weil der Zuschauer den Trick wegen der gebotenen Detailfülle erst nach längerer Betrachtung durchschaut. Daß die Autos im Spiegel auf der falschen Seite fahren, wird kaum bewußt. Die Illusion einer großen Stadt, in der einfach viel los ist, unterdrückt weitgehend den Verstand, der signalisieren möchte, daß da etwas nicht stimmt.

Links: Bei dieser Straßenzeile sorgt der Spiegel für Tiefenwirkung und bringt auch die sorgfältig gestaltete Rückseite der Gebäude ein wenig ins Blickfeld, sofern das Diorama schräg von oben betrachtet werden kann

Wenn Sie, wie bei der mehrfach zitierten Anlage „Römerstraße", eine halbe Stadtstraße und eine Häuserreihe parallel zum Spiegel plazieren, ist die Illusion einer breiten Hauptstraße nahezu perfekt. Ladenbeschriftungen, sofern sie im Spiegel sichtbar werden, können auf den Modellen seitenverkehrt angebracht werden und erscheinen dann lesbar im Spiegelbild. Die direkte Betrachtung der Häuserfronten wird ja durch den Spiegel verhindert, so daß die „falsche" Beschriftung nicht stört.

Der Spiegeltrick eignet sich vor allem für großstädtische Gebäudeansammlungen ohne allzu markante Bauwerke wie Kirchen. Zwei identische Kirchen in geringem Abstand würden nicht echt wirken – es sei denn, Sie kleben das Halbrelief einer Kirche direkt an den Spiegel! Bevor Sie eine teuren Bausatz zersägen, sollten Sie jedoch die Wirkung anhand von Pappmodellen oder provisorisch mit ein paar Klebstofftröpfchen zusammengehefteten Bausatzteilen prüfen.

Der große Vorteil des Spiegels ist, daß er sein Gegenüber räumlich und unverzerrt abbildet. Geschickt angesetzte Halbreliefs wirken bei seitlicher Betrachtung wie symmetrisch gebaute Häuser. Voraussetzung ist jedoch immer, daß der Anlagen- oder Dioramenrand parallel oder rechtwinklig zum Spiegel gestaltet wird, um unsinnige Spiegelungen zu vermeiden. Wegen der Kosten und Beschaffung des Spiegels, der natürlich auch die Seiten einer Anlage optisch verlängern kann, wird der Spiegeltrick nur für Dioramen und kleinere Anlagen infrage kommen.

Blauer Himmel

Am einfachsten simuliert ein blaues Papier einen „künstlichen Horizont": in der Ferne ist oft nur blauer Himmel zu sehen. Wenn Sie sich ein

Ein passender Fotohintergrund suggeriert, daß sich hinter dem Siedlungshaus Hügel und Felder erstrecken. Vor allem im Flachland bietet sich ein Wolkenhintergrund an, sofern einem ein hellblauer wolkenloser Himmel zu langweilig erscheint
Foto: Faller

wenig Arbeit machen wollen, genügt für ein Diorama ein Bogen hellblauer Karton aus dem Schreibwarengeschäft.

Beim Blick aus dem Fenster erweist sich jedoch auch der wolkenlose Himmel nicht als eine einheitliche Fläche. Je nach Tageszeit ist der Horizont eher weiß oder leicht orange. Nach oben wird der Himmel dunkler und kann an klaren Tagen fast dunkelblau sein.

Solche Verlauf-Effekte können Sie durch Plakafarben erreichen, die Sie mit einem großen Pinsel oder einer Bürste großzügig auf der Rückseite einer glatten Tapete oder einer Papierrolle verteilen, nachdem Sie das Papier mit Tapetenkleister auf einer stabilen Platte fixiert haben.

Besser in den Griff bekommen Sie den Farbverlauf mit einer Spritzpistole. Dann können Sie aber noch einen Schritt weitergehen und mit Weiß feine Wolkengebilde an den Himmel zaubern. Die „sonnenabgewandten" Wolkenseiten modellieren Sie mit einem Hauch Hellgrau.

Wolkentapeten

Wenn Sie sich diese aufwendige Arbeit nicht zutrauen, sollten Sie zu den Wolkentapeten greifen, die einige Modellzubehörhersteller anbieten. Für die Befestigung gilt erneut, daß ein paar Zentimeter Abstand zum Modell eingehalten werden muß, damit der Hintergrund wirkt und nicht durch Schatten beeinträchtigt ist.

Fotohintergründe

Faller und Vollmer haben schon seit langem fotografierte Hintergründe mit süddeutschen Landschaften im Programm. Ein Faller-Hintergrund zeigt meine heimatliche Landschaft aus der Baar, die zwischen Schwarzwald und Schwäbischer Alb liegt. Bei genauem Hinschauen erkennt man die Betonmasten der elektrifizierten Schwarzwaldbahn zwischen Donaueschingen und Geisingen. Andere Hintergründe

zeigen die Stadt Würzburg oder eine schwäbische Mittelgebirgslandschaft bei Stuttgart.

Nun sind die Aufnahmen nicht so spezifisch, daß Sie partout Würzburg oder ein Vorbild in Baden-Württemberg oder Bayern modellieren müssen, um diesen Hintergrund verwenden zu können. Ohne Abstimmung zwischen Modell und Fototapete geht es aber leider nicht. Notfalls müssen unpassende Geländeformen im Hintergrund versteckt oder dieser so tief gesetzt werden, daß sie nicht mehr stören.

Gemalte Hintergründe

Modellbauer sind wahre Multitalente, und so werden Sie vielleicht in der Lage sein, einen passenden Hintergrund für Ihr Modell zu malen. Wenn nicht, hilft die Industrie. Kibri hat gemalte Hintergründe mit Motiven der Fränkischen Schweiz und des Voralpenlandes im Angebot.

Eine andere Art, mit geringem Aufwand zu einem individuellen Anlagenabschluß zu kommen, sind MZZ-Hintergrundkulissen. Das Programm umfaßt frontal gemalte Gebäude aller Art und Landschaftsmodule, die beliebig kombiniert werden können. Zwar sind die hellen Farben der etwas abstrahierenden Hintergrundgemälde gewöhnungsbedürftig, täuschen jedoch Tiefe vor. Auf Pappe geklebt und in geringen Abständen abgestuft montiert, läßt sich die Wirkung noch steigern.

Zusammenfassung

Hintergrundkulissen sind unverzichtbar für die perfekte Illusion einer Modellandschaft. Ob Sie gemalte, fotografierte oder himmelblaue Kulissen verwenden, hängt vom regionalen Bezug Ihres Dioramas oder Ihrer Anlage ab. In manchen Fällen kann der Spiegeltrick gut zur Geltung kommen, um eine ausgedehnte Stadtlandschaft vorzutäuschen. Ohne Kulissen darf nur ein Modell bleiben, das mitten im Zimmer steht.

14
Schon probiert? Bausätze für Fortgeschrittene und Experimentierfreudige

Wenn Sie schon alles probiert haben, was mit Kunststoffbausätzen möglich ist, suchen Sie vielleicht weitere Möglichkeiten, Ihre Ideen umzusetzen. Vielleicht wollen Sie neue Techniken ausprobieren oder Modelle bauen, die andere Modellbauer nicht besitzen. Gehen Sie selbst auf Entdeckungsreise! Hier sind einige Beispiele.

Einige Erfahrung ist notwendig, wenn man sich an die Exoten unter den Bausätzen macht. Die in geringen Auflagen gefertigten Angebote sind häufig eher Rohmaterialzusammenstellungen, die viel mehr Vorarbeit verlangen als Kunststoffbausätze. Entsprechend höher sind die Anforderungen an die Modellbauwerkstatt und der Zeitaufwand. Gelungene Modelle belohnen aber durch die außergewöhnliche Detaillierung und ihren Seltenheitswert.

Es muß nicht immer Deutschland sein. Haberl + Partner bietet nach ausländischen Vorbildern Keramikbausätze an, die auch Holz- und Messingteile enthalten. Der italienische Bahnhof „Bardolino" ruft Urlaubsgefühle wach und eignet sich hervorragend für ein kleines Diorama inmitten von Weinfoldern. Preis und Schwierigkeitsgrad sorgen für Exklusivität
Foto: Egon Pempelfort

Kleindioramen

Für den Maßstab H0 bieten Faller (Hobby System Creativbau), Brawa (Ideen-Sets, auch in N) und Auhagen (z. B. Reparaturwerkstatt 4/01) Bausätze an, die viele Teile für ein kleines Diorama enthalten. Die Faller-Komplettbaukästen enthalten von einer ausgeformten Landschaft bis zu Klebstoff und Bäumen alles, was man zum Bau des Dioramas braucht. Bei Brawa muß man Streumaterial und Bäume extra beschaffen, hat aber mehr Gestaltungsspielraum und macht mit Materialien wie Weißmetall und Messingätzteilen Bekanntschaft. Auch der Auhagen-Bausatz enthält fast 200 Gramm Weißmetallteile zur Ausgestaltung. Die Komplettbausätze von Woodland Scenics nach amerikanischen Motiven enthalten Weißmetallteile, Bäume und das beste Streumaterial auf dem Markt.

Diese und andere Angebote können die Grundlage für ein größeres Diorama oder eine Anlage sein. Beim Bauen entwickelt sich vielleicht eine Idee wie die Landschaft rund um diese kleinen Ausschnitte aussehen könnte. Sie machen sich aber auch ganz gut als eigenständige Miniatur auf dem Regal.

Selbstbau mit Kunststoff und anderem Material

Eine der einfachsten Methoden, mit überschaubarem Aufwand individuelle Modelle zu bauen, ist die Nutzung der Teilesortimente von Kibri und Auhagen. Sie enthalten Zusammenstellungen von Spritzlingen aus der Bausatzproduktion. Mit den Polystyrolplatten für Mauerwerk, Wände und Dächer, die alle Bausatzhersteller und einige Zubehörfirmen anbieten, sind Ergänzungen und Modifikationen von Bausätzen genau so machbar wie komplette Neubauten.

Wenn Sie sich die Zeit nehmen, den Anzeigenteil in Ihrer Eisenbahn-Fachzeitschrift intensiv zu lesen und die Portokosten in Kauf nehmen, werden Sie auf Spezialanbieter mit weniger bekannten Sortimenten treffen. Kenner finden da den hauchfeinen Heurechen ebenso wie Fenster aus Weißmetall oder Messingguß, feinste Lindenholzstäbe und -brettchen für Gebäude, echtes Wellblech, geätzte Sträucher und Inneneinrichtungen für Werkstätten.

Amerikanische Weißmetallbausätze von Woodland Scenics sind über Noch beziehbar. Hier gibt es Bäume, amerikanische Spezialfahrzeuge und Landmaschinen, kleine Westernhäuser und allerliebste Mini-Szenen, die sich auch gut im Bücherregal machen. Farmer-Windmühle, Baumhaus, Klohäuschen-Transport, ein Feierabendbad im Waschzuber neben dem Hausbrunnen oder ein Mondschein-Stilleben bezaubern Romantiker und Modellbauer mit Sinn für besondere Details.

Für die Teile, die in kleinen Serien produziert werden und nicht selten aus den USA kommen, müssen Sie tief in die Tasche greifen. Was freilich kaum eine Rolle spielen wird, wenn Sie die Ergebnisse sehen, die geübte Modellbauer damit erreichen. Eine ausgeprägte Beobachtungsgabe ist für meisterhafte Modelle jedoch mindestens so nötig wie außerordentliche Geduld und langjährige Übung. Auf Anhieb gelingen Spitzenleistungen auch im Modellbau nicht.

In der Lieferübersicht am Ende dieses Buchs finden Sie nur die Anbieter von Spezialbausätzen und Einzelteilen, welche einen gewissen Bekanntheitsgrad haben und schon einige Zeit auf dem Markt sind. Es tummeln sich hier zu viele Produzenten, die wie Sternschnuppen nur kurze Zeit am Hobbyhimmel erscheinen und schnell wieder verschwunden sind.

Holzbausätze

Wenig verbreitet sind Holzbausätze, die zusammen mit Ätz- und Gußteilen aus Metall und Drähten bei nahezu vorbildgerechten Materialstärken für unübertroffenen Realismus sorgen. Zwar entfällt das aufwendige Zuschneiden der Hölzchen, aber schon das Sortieren der Teile ist eine ausgesprochene Geduldsprobe, wenn hunderte von Brettchen und Stäbchen, die sich manchmal nur um Millimeterbruchteile unterscheiden, getrennt werden müssen.

Da Holz als natürlicher Werkstoff auf Änderungen der Luftfeuchtigkeit reagiert, kann man böse Überraschungen erleben, wenn man die Teile nicht vor dem Zusammenkleben beidseitig gebeizt hat: je nach Wetter verziehen sich die Wände und sprengen schon einmal die Klebungen. Für eine wenige Quadratzentimeter große Wand braucht man sehr viel Zeit, wenn ein vorbildgerechtes Innenfachwerk und Fenster eingearbeitet werden müssen. Die gesamte Bauzeit wird eher nach Wochen als nach Tagen bemessen.

Man kann mit den meist aus den USA stammenden Bausätzen unübertroffen realistische Modelle bauen – aber nur, wenn man sehr viel Zeit und Geduld hat.

Bastelbögen

Einfacher ist der Umgang mit Karton und Papier. Die früher populäreren Ausschneidebogen müssen kein Kinderkram sein. Schreiber in Stuttgart bietet seit Jahrzehnten ansehnliche Bastelbögen an, und auch der Hintergrundkulissen-Fabrikant MZZ hat Feuerwachen, Schuppen und anderes zum Ausschneiden im Programm. Die MZZ-Hintergründe lassen sich auch im Halbrelief bauen und von hinten effektvoll beleuchten. Da sich Preise und Arbeitsaufwand in Grenzen halten, kann sich ein Versuch durchaus lohnen.

Linka-Elementbau

Wenn Sie Gebäude selbst entwerfen und in „Plattenbauweise" bauen wollen, sollten Sie sich den Linka-Elementbau ansehen. In einer Reihe von Silikonkautschukformen, die mit einer gipsähnlichen Gießmasse gefüllt werden, entstehen die Bauelemente für Backstein- und Natursteinmauern, Fenster, Dächer und Straßenpflaster. Die Formteile bieten große Gestaltungsspielräume und werden nach dem Aushärten zusammengeklebt und bemalt. Materialbedingt erreicht dieses Verfahren nicht ganz die Feinheit von guten Kunststoffmodellen, so daß man mit Kunststoff- und Metallteilen ergänzen sollte.

Keramikbausätze

Genaugenommen sind bei den exklusiven Bausätzen von Haberl + Partner nur die Wände aus keramischen Werkstoffen. Darunter muß man sich gipsähnliche Teile vorstellen. Messinggußteile, Ätz- und Kunststoffplatten, Holzprofile und Drähte vervollständigen die Bausätze, die nur in sehr kleinen Auflagen gefertigt werden und deshalb bis zum Fünffachen dessen kosten, was für die hunderttausendfach aufgelegten Kunststoffmodelle verlangt wird. Dafür erhält man filigrane Gebäude mit ganz eigenem Charakter und die Gewißheit, daß nur ein paar Dutzend andere Modellbauer das selbe Häuschen besitzen.

Zusammenfassung

Mit den beschriebenen Bausätzen und Teilen können Sie Modellbau auf die Spitze treiben und neue Tätigkeitsfelder und Materialien kennenlernen. Im Gegensatz zu Kunststoffbausätzen ist der Zeitbedarf erheblich – auf die schnelle kann hier nichts gelingen. Besonders die Holzmodelle erfordern viel Geduld und Erfahrung, so daß Sie nur mit einem entsprechenden modellbauerischen Vorleben Spaß daran haben werden.

Wer liefert was?

Die Übersicht enthält alle Großserienhersteller und die gängigsten Spezialanbieter. Weitere Anbieter finden Sie im Anzeigenteil des eisenbahn magazins und in anderen Eisenbahn-Fachzeitschriften.

H0-Gebäude und Zubehör (1:87)

Abbruchhäuser	Pola, Vollmer
Ätzplatten	Brawa, Gerard, Haberl, Weinert
Alpenhäuser	Faller, Haberl, Kibri, Pola, Revell, Vollmer
Alterungssets	Vollmer
Ampeln	Busch
Arbeiterwohnhäuser	Faller, Kibri
Asphalt-Straßenplatten	HS
Aussichtstürme	Auhagen, Busch, Faller
Ausstattungsteile für Straßen	Faller, Gerard, Kibri
Autobausätze	Kibri, Preiser
Autohandel	Faller, Pola, Vollmer
Automodelle (Pkw)	Brekina, Herpa, IMU, Monogram, Praliné, R + H, Rietze, Roco, Roskopf, s.e.s., Vollmer, Wiking
Automodelle (Lkw)	Albedo, Brekina, Faller, Haberl, Herpa, Hruska, Kibri, Märklin, Pitter, Praliné, Preiser, Rietze, Roco, Roskopf, s.e.s., Vollmer, Weinert, Wiking, Woodland, Woytnik
Automodelle (Spezialfahrzeuge)	Albedo, Brekina, Faller, Haberl, Herpa, Kibri, Märklin, MO, Preiser, Rietze, Roco, Roskopf, Vollmer, Weinert, Wiking, Woodland
Autos, selbstfahrend	Faller, SB (Motorisierungssätze)
Autos mit Blinklicht	Busch, Viessmann
Autos mit Beleuchtung	Viessmann
Autowerkstatt	Faller, Kibri, Pola
Bagger	Kibri, Weinert, Wiking, Woodland
Bahnhöfe *siehe Empfangsgebäude, Güterschuppen, Stellwerke, Bahnnebengebäude*	
Bahnnebengebäude	Auhagen, Faller, Kibri, Pola, Revell, Vollmer
Banken	*siehe Sparkassen*
Barocke Häuser	Kibri, Pola
Bastelbögen	MZZ, Schreiber
Bastelpackungen	Auhagen, Busch, Kibri, MO
Bauernhöfe	Auhagen, Faller, Revell, Vollmer
Bäume	Auhagen, Busch, Faller, Haberl, Heki, HS, Kibri, MZZ, Noch, Schneider, Silhouette, Woodland

Wer liefert was?

Baustellenblitze	Brawa, Busch
Baustoffhandlungen	Pola
Berliner Stadtbahn	Primex, Woytnik
Beschriftungssätze	Busch, Kibri, MO
Betonmischwerk	Faller
Binnenschiffe	Kibri, Noch, Wegass
Binnenschiffe, fernsteuerbar	Noch
Blinklichter	Busch, Pola
Boote	Kibri, Noch, Rietze (Amphibienautos), Wegass
Brauereien	Faller, Revell, Vollmer
Brennende Häuser	Pola, Vollmer
Briefkästen	Faller
Brunnen	Auhagen, Faller, Kibri, Noch, Vollmer
Burgen, Schlösser	Auhagen, Faller, Kibri, Vollmer
Burgruine	Faller, Noch
Bushaltestellen	Auhagen, Brawa, Faller, Noch, Vollmer, Woytnik
Cafés (s. a. Restaurants)	Faller, Pola, Vollmer
Dachplatten	Brawa, Faller, Kibri, MZZ, Vollmer, Wenzel
Einschienenbahn	Haberl
Einzelteile	Auhagen, Faller, Kibri, MO, Wenzel
Empfangsgebäude	Auhagen, Faller, Haberl, HS, Kibri, Pola, Revell, Vollmer
Elektrizitätswerk	Pola, Revell
Fabrikgebäude	Auhagen, Faller, Kibri, Pola, Revell, Vollmer
Fachwerkhäuser	Auhagen, Faller, Kibri, Noch, Pola, Revell, Vollmer
Fahrräder	Gerard, Noch, Pitter (Hochrad), Preiser
Feuerwachen	Faller, Kibri, MZZ (Papier), Pola, Vollmer
Feuermelder	Weinert, Woytnik
Festzelte	Preiser, Vollmer
Figuren	Kibri, Merten, Noch, Preiser
Flugplatzgebäude	Revell
Flugzeuge	Noch, Revell, Roco
Freibad	Busch, Noch
Freileitung	Busch, Weinert
Fuhrwerk, Kutschen	Noch, Preiser
Gartenhäuser	Faller, Vollmer
Gärtnereien	Faller, Pola
Gasbehälter	Auhagen, Vollmer
Gehwegplatten	Brawa, Busch, Faller, Heki, Noch, Preiser, Vollmer, Woytnik
Geländematten	Auhagen, Busch, Faller, Heki, Noch, Sander
Geräuscherzeuger	Busch, Haberl
Geschäfts-/Bürohäuser	Auhagen, Faller, Kibri, Pola, Vollmer
Gewässerplatten	Faller, Noch
Gießharz	Faller
Glockenwerk	Faller
Glockengeläute (Band)	Kibri
Glockengeläute (elektronisch)	Busch, Haberl
Grabsteine	Noch, Woodland
Güterschuppen	Faller, Kibri, Pola, Revell, Vollmer
Hafenanlagen	MZZ (Hintergrund), Wegass
Häuser im Bau	Faller, Kibri, Pola, Revell

Heißluftballon	**Faller**
Hintergründe	**Auhagen, Busch (Felshalbreliefs), Faller, Kibri, MZZ, Vollmer**
Hochspannungsmasten	**Brawa**
Holzbausätze	**Brawa, Fides, Haberl, MO**
Holzprofile und -platten	**MO, Wenzel**
Hotels	**Vollmer**
Hydranten	**Gerard, Weinert, Woytnik**
Innenbeleuchtung	**Auhagen, Brawa, Faller, Herkat, Kibri**
Inneneinrichtungen	**Brawa, Kibri, MO, Pola**
Jugendstilhäuser	**Faller, Pola, Vollmer**
Kanaldeckel	**Gerard**
Karussells	**Faller, Preiser**
Keramikbausätze	**Haberl**
Kino	**Pola**
Kioske	**Auhagen, Faller, Noch, Pola, Revell, Vollmer**
Kirchen/Kapellen	**Auhagen, Faller, Kibri, Pola, Vollmer**
Kirmesbuden	**Faller, Preiser**
Komplettbaukästen	**Auhagen, Brawa, Busch, Faller, Woodland**
Kräne	**Kibri**
Krankenhäuser	**Pola, Vollmer (Schwarzwaldklinik)**
Kunsteisbahn	**Faller**
Läden	**Faller, MKD, Pola, Vollmer, Woodland**
Lagerhäuser	**Faller, Kibri, MZZ (Papier), Pola, Vollmer**
Lampen/Leuchten	**Brawa, Busch, Haberl, Herkat, Kibri, Schneider, Viessmann, Weinert**
Landwirtsch. Fahrz. u. Geräte	**Haberl, Pitter, Preiser, Woodland**
Leuchtdioden	**Brawa, Busch, Herkat**
Leuchttürme	**Kibri, Wegass**
Linka-Elementbau	**Noch**
Lkw-Garagen	**Kibri, Pola, Vollmer**
Marktstände	**Faller, Noch, Preiser, Vollmer**
Martinshorn	**Busch**
Maschinen	**MO, Noch, Woodland**
Mauerplatten	**Auhagen, Brawa, Busch, Faller, Heki, Kibri, MZZ, Noch, Schneider, Vollmer**
Messingprofile	**Brawa**
Metzgereien	**Auhagen, Pola**
Motoren, langsamlaufend	**Faller**
Motorräder (Roller, Mofas)	**MO, Preiser, Woodland**
Naturmaterial	**Busch, Haberl, HS, Noch**
Nordische Häuser	**Kibri, MZZ (Papier), Pola, Revell**
Oberleitungsbusse	**Brawa**
Parkhaus	**Vollmer**
Pflasterplatten, -folien	**Auhagen, Brawa, Busch, Faller, MZZ, Noch, Preiser, Vollmer**
Plakate	**Busch, Faller, Kibri, MO**
Polizeistationen	**Faller, Pola, Vollmer**
Postämter	**Auhagen, Faller, Kibri, Vollmer**
Rathäuser	**Faller, Kibri, Vollmer**
Raucherzeuger	**Faller, Pola, Seuthe, Vollmer**
Recyclingbehälter	**Pola**

Restaurants	Auhagen, Faller, Kibri, Pola
Riesenrad	Faller
Rummelplatzfahrgeschäfte	Faller, Gollwitzer, Vollmer
Sägewerk	Auhagen, Faller, Kibri, Revell, Vollmer, Woodland
Scheinwerfer	Brawa
Schiffschaukeln	Faller, Preiser, Vollmer
Schnee	Busch, Faller, Noch
Schrottplatz	Noch, Pola, Woodland
Schulen	Faller, Pola, Revell
Schwarzwaldhäuser	Faller, Vollmer
Schweißlichter	Faller, Busch, Viessmann
Seilbahnen	Brawa
Sparkassen	Faller
Speditionen	Faller, Pola, Vollmer
Spielcasino	Pola
Spielplatzgeräte	Busch, Faller, Gerard, Noch, Pola
Stellwerke	Auhagen, Faller, HS, Kibri, Pola, Revell, Vollmer
Stadtbahnmodule Berlin	HS
Stadthäuser	Faller, Kibri, Pola, Revell, Schmidt, Vollmer
Stadttore	Faller, Haberl, Kibri, Noch, Pola, Vollmer
Standseilbahn	Brawa
Staudamm	Pola
Straßenbahnen	Roco, Wilken, Woytnik
Straßenfarbe	Faller, Heki
Straßenfolien	Busch, Noch, Preiser
Straßenmarkierungen	Busch, Faller, Heki, Kibri, Noch, Preiser
Straßenpumpen	Gerard, Woytnik
Straßenschilder	Brawa, Faller, Heki, MO
Streumaterial	Auhagen, Busch, Faller, Heki, Kibri, Noch, Preiser, Woodland
Tankstellen	Auhagen, Faller, Kibri, Pola, Revell, Vollmer, Woodland
Telefonzellen	Brawa, Faller, Noch, Preiser, Woytnik
Tennisplatz	Noch
Tische, Stühle, Bänke	Busch, Faller, Gerard, Kibri, Noch, Preiser, Vollmer
Uhren	Brawa, Woytnik
Unternehmervilla	Faller
Verkehrszeichen	Busch, Heki, Kibri, Noch, Weinert
Wassermühlen	Auhagen, Faller, Kibri, Vollmer
Wasserpumpen	Auhagen, Busch, Faller, Noch
Wassertürme	Auhagen, Faller, MZZ (Papier), Revell, Vollmer
Weißmetallteile	MO, Wenzel
Weißmetallbausätze	Woodland
Windgeneratoren	Faller
Windmühlen	Faller, Kibri, Vollmer
Wohnhäuser	Auhagen, Faller, Kibri, MKD, Pola, Revell, Schmidt, Vollmer
Zäune	Brawa, Busch, Faller, Gerard, Haberl, Heki, Kibri, MZZ (gedruckt), Noch, Pola, Weinert
Zirkus	Preiser

TT-Gebäude und Zubehör (1:120)

Für TT geeignet sind, mit geringen Kompromissen, nahezu alle Vollmer-H0-Gebäude, die älteren Bausätze von Faller und Pola, einige Revell-Häuser und fast alle Gebäude von Auhagen, MKD (Frankreich), Noch und Vero. Als Zubehör eignen sich ebenso viele H0-Produkte. Speziell für TT entwickelte oder als geeignet gekennzeichnete Bausätze und Zurüstteile gibt es bei Auhagen, Noch, Viessmann. Bei den TT-orientierten ostdeutschen Herstellern war der Fortbestand einiger Firmen zur Zeit der Drucklegung unsicher.

N-Gebäude und Zubehör (1:160)

Abbruchhäuser	**Pola**
Ampeln	**Busch**
Ätzplatten	**Brawa**
Alpenhäuser	**Arnold, Faller, Kibri, Noch, Vollmer**
Arbeiterwohnhäuser	**Pola**
Ausstattungsteile f. Straßen	**Faller, Vollmer**
Autos (Pkw)	**Busch, IMU, MZZ, Wiking**
Autos (Lkw)	**Busch, MZZ, Wlklng**
Autos (Spezialfahrzeuge)	**MZZ**
Bahnhöfe	*siehe Empfangsgebäude, Güterschuppen, Stellwerke, Bahnnebengebäude*
Bahnnebengebäude	**Faller, Kibri, Pola, Vollmer**
Banken	*siehe Sparkasse*
Bäume	**Busch, Faller, Haberl, Heki, Kibri**
Barocke Häuser	**Pola**
Bauernhöfe	**Vollmer**
Baustellenblitze	**Brawa, Busch**
Binnenschiffe	**Noch, Wegass**
Brennendes Haus	**Vollmer**
Briefkästen	**Faller, Vollmer**
Burgen	**Faller, Kibri**
Bushaltestelle	**Faller**
Cafés (s. a.Restaurants)	**Faller, Pola**
Dachplatten	**Kibri, MZZ, Vollmer**
Empfangsgebäude	**Faller, Kibri, Pola, Vollmer**
Fabrikgebäude	**Faller, Kibri, Pola**
Fachwerkhäuser	**Arnold, Faller, Kibri, Pola, Vollmer**
Fahrräder	**Gerard**
Festzelte	**Vollmer**
Feuerwachen	**MZZ (Papier), Vollmer**
Figuren	**Noch, Preiser**
Freibad	**Noch**
Fuhrwerke, Kutschen	**Noch, Preiser**
Gasbehälter	**Faller**
Gärtnereien	**Faller, Pola**
Gehwegplatten	**Heki**
Geschäfts-/Bürohäuser	**Faller, Kibri, Pola, Vollmer**
Geräuscherzeuger	*siehe H0*
Güterschuppen	**Faller, Pola, Vollmer**
Hafenanlagen	**MZZ (Hintergrund)**

Häuser im Bau	Pola
Hintergründe	Busch (Halbrelief), Kibri, MZZ, Vollmer
Hotels	Vollmer
Innenbeleuchtungen	siehe H0
Jahrmarktbuden	Faller
Jugendstilhäuser	Pola
Karussells	Faller, Vollmer
Kino	Pola
Kirchen/Kapellen	Arnold, Faller, Kibri, Pola, Vollmer
Kirmesbuden	Vollmer
Komplettbausätze	Brawa
Läden	Faller, Kibri, Pola
Lagerhäuser	Faller, Kibri, MZZ (Papier), Pola
Lampen/Leuchten	Brawa, Busch, Herkat, Schneider, Viessmann, Weinert
Landw. Fahrz. u. Geräte	Preiser
Leuchtdioden	siehe H0
Leuchtturm	Kibri
Lkw-Garagen	Vollmer
Mauerplatten	Busch, Heki, Kibri, Noch, Vollmer
Oberleitungsbus	Brawa
Pflasterplatten/-folien	MZZ, Noch, Vollmer
Polizeistation	Vollmer
Postämter	Pola, Vollmer
Rathäuser	Kibri, Pola, Vollmer
Raucherzeuger	siehe H0
Restaurants	Faller, Pola, Vollmer
Sägewerke	Faller, Pola, Vollmer
Scheinwerfer	Brawa
Schiffschaukel	Vollmer
Seilbahnen	Brawa
Sparkassen	Pola, Vollmer
Speditionen	Pola
Spielplatzgeräte	Noch
Stadtbahnmodule Berlin	HS
Stadthäuser	Kibri, Pola, Faller, Vollmer
Stadttore	Faller, Kibri
Standseilbahn	Brawa
Stellwerke	Faller, Pola, Vollmer
Straßenbahnen	IMU, Roco
Straßenfolien	Busch, Noch, Preiser
Streumaterial	siehe H0
Stützmauern	Brawa, Noch
Tankstellen	Faller, Pola
Telefonzellen	Faller, Noch
Tennisplatz	Noch
Tische, Stühle, Bänke	Faller, Noch, Preiser
Uhren	Brawa
Unternehmervilla	Pola
Verkehrszeichen	Noch
Wassermühlen	Faller, Vollmer

Wassertürme	Faller, Kibri, MZZ (Papier), Vollmer
Windgenerator	Faller
Windmühlen	Faller, Kibri
Wohnhäuser	Arnold, Faller, Pola, Vollmer
Zäune	Brawa, Kibri, Noch, Preiser

Z-Gebäude und Zubehör (1:220)

Alpenhäuser	Kibri, Märklin, Noch
Autos (Pkw)	MZZ, Noch
Autos (Lkw, Busse)	Kibri, MZZ, Noch
Bahnhöfe *siehe Empfangsgebäude, Güterschuppen, Stellwerke, Bahnnebengebäude*	
Bahnnebengebäude	Faller, Märklin
Bauernhäuser	Vollmer
Bänke	Noch
Bäume	Busch, Faller, Kibri
Binnenschiffe	Wegass
Brennendes Haus	Vollmer
Burgen	Faller (Burg Lichtenstein, „H0"), Noch
Dachplatten	Kibri
Empfangsgebäude	Faller, Kibri, Märklin, Vollmer
Fabrikgebäude	Kibri
Fachwerkhäuser	Kibri, Vollmer
Feuerwachen	MZZ (Papier)
Figuren	Kibri, Noch, Preiser
Gasbehälter	Faller
Gehwegplatten	Heki
Güterschuppen	Kibri
Hintergründe	Kibri, MZZ
Innenbeleuchtung	*siehe H0*
Kirchen/Kapellen	Kibri, Märklin, Noch
Lagerhäuser	Kibri, MZZ (Papier)
Lampen/Leuchten	Brawa
Mauerplatten	Heki, Kibri, Noch
Nordische Häuser	Märklin
Pflasterfolie	Noch, Vollmer
Rathaus	Vollmer
Restaurants	Vollmer
Scheinwerfer	Brawa
Stellwerke	Kibri, Märklin
Stadtbahnmodule Berlin	HS
Stadthäuser	Kibri
Stadttore	Kibri
Straßenfolie	Noch
Tennisplatz	Noch
Uhren	Brawa
Wassertürm	Märklin, MZZ (Papier)
Wohnhäuser	Kibri, Märklin
Zäune	Preiser

Adressen

Hinweis für die Leser außerhalb Deutschlands: W– steht für die frühere Bundesrepublik Deutschland (= Westdeutschland), O– für die ehemalige DDR (= Ostdeutschland). Bei Briefen aus dem europäischen Ausland empfiehlt sich D-W–bzw. D-O–vor der Postleitzahl.

Albedo
Albedo-Forkel GmbH,
Postfach 11 55, W-8807 Heilbronn

Arnold
K. Arnold GmbH & Co.
Postfach 12 51, W-8500 Nürnberg 1

Auhagen
Auhagen GmbH,
Hüttengrund 25, O-9341 Marienberg

Brawa
brawa Artur Braun Modellspielwarenfabrik
GmbH & Co., W-7050 Waiblingen

Brekina
Brekina Modellspielwaren GmbH,
W-7801 Umkirch

Busch
Busch GmbH & Co. KG
Heidelberger Straße 26, W-6806 Viernheim

Faller
Gebrüder Faller GmbH
Postfach 65, W-7741 Gütenbach

Fides
Milbert Créations
Rue de Bon-Port 3, CH-1820 Montreux

Gerard
Gerard Modellbahnen
Lederergasse 7, A-1080 Wien

Gollwitzer Modellbau
Marloffsteinerstraße 1, W-8525 Uttenreuth

Haberl
Haberl + Partner
Ulmer Straße 160a, W-8900 Augsburg

Heki
Heki Kittler GmbH
Am Bahndamm 10, W-7550 Rastatt 15

Herkat
Herkat Modellbahn-Zubehör
Schloßäckerstraße 18, W-8500 Nürnberg

Herpa
Fritz Wagener GmbH
Leonrodstraße 46, W-8501 Dietenhofen

Hruska
Hruska u. Co. GmbH
Prießnitztalstraße 20a, O-8245 Glashütte

HS
HS-Modulbau
Horst P. Schubert
Hoftannenstraße 9, W-6485 Jossgrund/Burgjoß

IMU
Modellauto Berlin
Friedrichstr. 17, W-1000 Berlin 61

Kibri
Kindler + Briel
Postfach 15 40, W-7030 Böblingen

Märklin
Gebr. Märklin & Cie. GmbH
Postfach 860/880, W-7320 Göppingen

Merten
Walter Merten Spielwarenfertigung GmbH
Industriestraße 25, W-1000 Berlin 42

MKD
6, Rue de Versailles B.P. 57,
F-78470 St. Remy-Les-Chevreuses

MO
MO-Miniatur
Gustl-Waldau-Straße 42, W-8300 Ergolding

Monogram
siehe Revell

MZZ
Modellbahnzubehör MZZ AG
Im Trenschen 26, CH-8207 Schaffhausen

Noch
Noch GmbH & Co.
Postfach 14 54, W-7988 Wangen

Pitter
Pitters Pappkisten Peter Hoeveler
Hugo-Preuß-Str. 45, W-4050 Mönchengladbach

Pola
Pola Spiel- und Freizeitartikel GmbH
Am Bahndamm 59, W-8734 Rothausen

Praliné
siehe Revell

Preiser
Paul M. Preiser KG
Postfach 12 33, W-8803 Rothenberg o.d.T

Primex
siehe Märklin

r + h
R + H Modellbau und Entwicklungs GmbH
Postfach 13 01, W-7740 Triberg

Revell
Revell Plastics AG
Postfach 26 09, W-4980 Bünde 1

Rietze
Rietze Automodelle GmbH
Okenstraße 25, W-8500 Nürnberg 70

Roco
Roco Modellspielwaren Ges. m. b. H.
Jakob-Auer-Straße 8, A-5033 Salzburg

Roskopf
Roskopf Miniaturmodelle
W-8220 Traunstein

Sander
Fr. Sander
Rudolfstraße 2–4, W-5600 Wuppertal 2

SB
Sb-Modellbau
Ilzweg 4, W-8037 Olching

Schmidt
Robert Schmidt Modellbau
c/o Mondial
Jürgen Wicher, Postfach 2123,
W-4620 Castrop-Rauxel

Schneider
Martin Schneider KG
Postfach 10, W-7336 Uhingen

Schreiber
Schreiber Verlag (Bastelbögen)
Rotebühlstraße 63, W-7000 Stuttgart 1

s.e.s
s.e.s-Schmidt
Schloßstraße 1, W-1000 Berlin 28

Seuthe
Seuthe-Schley GmbH
Frühlingstraße 15, W-7339 Eschenbach

Silhouette
Silhouette Modellbahnzubehör
Albert Rademacher
Am Glockenbach 11, W-8000 München 5

Viessmann
Viessmann Modellbau
Am Bahnhof 1, W-3559 Hatzfeld 2

Vollmer
Vollmer GmbH
Porschestraße 25, W-7000 Stuttgart 40

Wegass
O. Sickert Modellbau
W-7143 Vaihingen 5
oder HS-Modulbau
Hoftannenstraße 9, W-6485 Jossgrund/Burgjoß

Weinert
Weinert Modellbau
Mittelwendung 7, W-2802 Weyhe

Wenzel
Kirsten Wenzel
Rohledererstraße 13, W-8500 Nürnberg 90

Wiking
Wiking-Modellbau GmbH & Co. KG
Industriestraße 1–3, W-1000 Berlin 45

Wilken
Wilken Spielwaren GmbH
Seumestraße 36–38, O-8023 Dresden

Woodland
Woodland Scenics
Box 98, Linn Creek, MO, 65052 USA
oder Importeur Noch GmbH & Co.
Postfach 14 54, W-7988 Wangen

Woytnik
Fredi & Norbert Woytnik
Beifußweg 68a, W-1000 Berlin 47

Sachregister

A
Ätzteile *56*
Akzente *74*
Alterung *29, 34, 37, 49, 57*
Altbauten *22*
Altstadt *8, 65, 89*
Ampeln *66, 73, 86*
Anbauten *41*
Antennen *56, 58*
Außenwerbung *50, 51, 57*

B
Bäume *14, 64, 73*
Bahnhof *16*
Bahnhofsvorplatz *7*
Bastelbögen *114*
Bastelmesser *24, 26*
Bauernhof *20, 52, 76*
Baugerüst *52, 75*
Bausatz-Auswahl *23*
Bausatz-Montage *24, 28*
Befestigung *27, 60, 63*
Beize *33*
beleuchtete Autos *101, 102, 103*
Beleuchtung *59, 61, 97, 100*
Beschriftung *48, 51, 57*
Blinklichter *103*
Brand *23, 58*
Brunnen *90, 93*

D
Dächer *23, 26, 33, 34, 36, 39, 41, 46*
Dachständer *60, 62*
Deckweiß *33*
Dekoration *47*
Detaillierung *47*
Diorama *9, 16, 22, 64, 86, 97, 110, 111, 113*
Dorf *13, 17, 22, 65, 103*

E
Ebenen *13, 14*
Eckgebäude *46*
Eislauf *96, 98*
Epochen *8, 10, 16, 51, 58, 60, 78*
Ergänzungen *38*
Experten *29*

F
Fabrik *19, 44, 52*
Fachwerk *17, 30, 36, 37, 44, 57*
Fahrbahnbreite *64*
Fahrbetrieb *86*
Fahrräder *53, 58, 85*
Fahrzeuge *78, 82*
Farben *24, 29, 77*
Feile *26*
Feldbahn *93*
Fenster *17, 27, 36, 41, 43, 44*
Figuren *41, 51, 52, 75, 76, 80, 81*
Figuren bemalen *77, 84*
Fotohintergrund *111*
Freileitung *62*

G
Gärten *53, 54*
Gebäudeauswahl *19*
Gehweg *9, 33, 64*
Generationswechsel *22*
Geräusche *96, 105*
Geschäftsstraße *7*
Glasfaserradierer *20, 35*
gleitender Maßstab *21, 23*
Glühbirnen *59*
Gummiringe *27*

H
Hafen *17*

Halbrelief 23, 107
Handwerkszeug 24
Haustiere 52, 77, 80
Hintergründe 89, 96, 111
Hinterhof 7, 38, 41
Himmel 110
Holzbausätze 113

I
Innenbeleuchtung 26, 27, 61, 62, 63, 100
Inneneinrichtung 11, 44, 49, 52, 53

K
Keramikbausätze 112, 114
Kino 50
Kirche 13, 33, 109
Kirchenglocken 104
Kirmes 65, 95
Klebetechnik 27
Klebstoff 26
Kleidung 10, 51
Kleinfahrzeuge 85
Kleingarten 53
Kleinkram 53
Kraftwerk 19
Kurven 64, 69, 86
Kutschen 84, 85

L
Lackfarben 29, 31, 32
Lackieren 26, 34
Läden 9, 38, 71
Lampen 53, 73, 97, 100
Lasurfarben 35
Lastwagen 85, 88
Laternen 60, 72, 97, 101
LED 60
leuchtende Wände 59
Leuchtkraft 97
Lichtreklame 52

M
Martinshorn 105
Masken 26, 27, 47
Maßstäblichkeit 13, 19, 21, 80
Mauerwerk 31, 32, 33, 36
Messer 24, 26
Methoden 29
Mischtechnik 29

Modernisierung 44
Modulare Bausätze 38, 42
Möbel 48, 53
Mühlen 93

N
Nachtbetrieb 60, 97, 103

O
Oberleitungsbus 88
Ortschaft 16

P
Parkplätze 64, 71
Plätze 65
Plakafarben 31, 111
Plakate 51
Platzmangel 16

Q
Qualität 23, 26, 27, 51

R
Raucherzeuger 58
Regionen 11
Reihenhäuser 43
Reißbrettstadt 46
Rummelplatz 94, 95, 102

S
Schaufenster 9, 47, 48, 49, 50, 53, 59
Scheinwerfer 98, 101
Schilder 73
Schmiedehammer 95
Schnee 15, 68
Schweißarbeiten 56
Seitenschneider 26
Spiegeltrick 23, 108, 109
Spielplatz 79
Springbrunnen 90
Spritzanlage 31, 34
Spurbus 88
Stellprobe 23
Stockwerkshöhe 21. 22
Straßen 13, 64, 67, 68
Straßenbahn 73, 89, 90
Straßenbau 70, 87
Straßenmarkierung 10, 71
Straßenoberfläche 69, 71, 87

Sachregister

Supern *47, 58*
Szenen *74, 77, 82*

T
Tiere *52*
Tierlaute *105*
Topographie *14, 46, 68*
Trockentest *28*
Trümmerbahn *91*
Türen *36, 44*
Türklinken *36, 48, 49*
Turm *22*

U
Uhren *57, 95*
Umlackieren *34*

V
Variationen *38*
Verfeinerungen *11*
Verkehrsschilder *10, 73*

W
Wände *33, 35*
Wäscheklammern *27*
Warnblinker *66, 76, 103*
Wasser *90, 93*
Wasserfarben *30, 31, 32*
Wasserturm *9*
Weathering *29, 34, 49*
Weißmetall *113*
Werkstatt *39, 52, 56, 58*
Werkzeug *24*
Winter *15, 96, 98*
Wirklichkeit nachempfinden *7, 20*
Wolkentapeten *111*

Z
Zäune *58, 65*
Ziegel *32*